天赋决定孩子的未来

张永婷 编著

北京工业大学出版社

图书在版编目（CIP）数据

天赋决定孩子的未来 / 张永婷编著．—北京：北京工业大学出版社，2012.11

ISBN 978-7-5639-3237-5

Ⅰ．①天… Ⅱ．①张… Ⅲ．①成功心理—通俗读物 Ⅳ．①B848.4-49

中国版本图书馆 CIP 数据核字（2012）第 203136 号

天赋决定孩子的未来

编　　著：张永婷
责任编辑：姜　山　杨　洋
封面设计：尚世视觉
出版发行：北京工业大学出版社
（北京市朝阳区平乐园 100 号 100124）
010-67391722（传真）bgdcbs@sina.com
出 版 人：郝　勇
经销单位：全国各地新华书店
承印单位：唐山才智印刷有限公司
开　　本：787 mm × 1092 mm　1/16
印　　张：17
字　　数：215 千字
版　　次：2012 年 11 月第 1 版
印　　次：2021 年 1 月第 2 次印刷
标准书号：ISBN 978-7-5639-3237-5
定　　价：32.00 元

前　　言

每个孩子都有与生俱来的天赋，这是一个让你不得不信服的真理。可是，天才却少得可怜，这又是为什么呢？孩子拥有某种天赋，对于父母来说是非常值得自豪的事情。但是很多实例告诉我们，孩子的天赋常常被不可取或无作为的教育手段所摧毁。换言之，好的学习方法和好的学习习惯便可以造就天才。也就是说，如果及时发现并挖掘每一个孩子的天赋，并用正确的方法教育和引导，也许就可以造就一大批天才了。这并非办不到的事情。

那么，作为家长，该怎样正确对待孩子的天赋呢？又如何挖掘孩子的天赋呢？答案就在本书中。

书中列举了大量中外名人的成功故事，着重从家庭教育的小处入手，分析他们成才的关键因素，为家长们及时发现孩子的天赋才能、合理开发孩子的潜能、顺利培养天才儿童，提供了有力借鉴。

为了帮助更多的父母顺利找到并及时挖掘孩子的天赋，为了让更多的父母正确地认识自己教育方式的不足，为了让更多的父母在培养天才儿童时有据可依，本书还特别编排了“家长有妙招”的篇章，帮助家长根据自己孩子的特点，有针对性地进行早教：让家长全面了解自己的孩子在智商、情商、艺术特长、身体素质、运动天赋、语言天赋、交际天赋等各方面的情况，深入分析出最真实的天赋优势与急需补救的问题根源；让家长在简短、有趣、真实、生动、具体的操作实例中，自然而然地认识到其他成功家长在教育孩子的做法上的可取之处与自己的不当之处，找出两者之间的差距，取长补短，从而总结出适合自己的独特的教子方略。

孩子的天赋在初期并没有十分明显的差别，可后期为什么有的孩子在不断地超越，有的孩子却止步不前呢？天才和神童的故事是天赋使然还是后天勤奋付出的结果？我们如何认识这些神童？他们的成功带给了我们什么？天才堕落又是什么原因？……所有这些我们生活中的热点问题，您都会在本书中找到答案。

教育关系到一个国家一代代人的成长，教育关系到一个民族的明天和未来，教育是一个国家的重中之重。为了国家的明天更加富强，为了民族的明天更加灿烂，让我们与您从家教这个起点做起，共同撑起一片天，携手培养更多的天才孩子！

——因为我们深知，天赋决定您孩子的未来！

目　录

第一辑　天赋知多少

天才儿童是由父母造就的

美国的研究者对天才儿童进行了研究，发现孩子成才与家庭教育有着非常重要的关系。可以这么说，天才儿童是父母一手造就的。这对“天才宿命论”是很好的抨击，也为天下父母打开了一扇希望之门。

研究者们对这些超智儿童进行了调查，发现这些儿童在家庭中都有特别之处，主要表现在以下几个方面。

一、家庭以孩子为中心

大多数天才儿童或成年的杰出人物，一般是头生子女或独生子女，其原因是头生子女或独生子女在父母眼中受关注的程度很高，父母在他们身上寄予的希望也很高，投入的精力明显比其余孩子多。人们对这种情况已司空见惯，因而这一发现普遍为大家所接受。

在美国，培养出天才儿童的家庭尤其倾向于以孩子为中心。被视为天才的儿童通常被挑出来特殊对待，全家所有的注意力都集中到这个孩子身上。

对孩子的培养计划甚至影响父母的职业取舍。毕加索儿童时期就表现出超常的绘画天赋，父亲不得不放下自己的画笔以投入更多的精力促进儿子绘画天赋的进一步发展。

爱迪生8岁那年，他那难以满足的好奇心让教师大发雷霆。爱迪生的母亲发现，再让孩子在教师门下学习，不会有更大的发展，便把他带出学校，自己在家里辅导，以满足小爱迪生的好奇心。

梅纽因的父亲放弃了工作来帮助自己的孩子立业。

莫扎特的父亲也把自己的全副身心都倾注到对孩子非凡才能的培育上。

美国天才儿童研究学家布鲁姆研究发现，那些培育出钢琴家、游泳选手及网球运动员的家庭比培育出雕塑家、神经病学家和数学家的家庭更加以孩子为中心。如果孩子的天赋表现在体育、音乐和棋类等操作性很强的项目上，以孩子为中心的家庭会孤注一掷地满足孩子的需求。在这些家庭里，悉心培养孩子是为了让他到公共场合去献艺，如运动会、独奏(唱)音乐会以及象棋比赛等。父母常驱车带他们到很远的地方去听课、观看运动会。孩子练琴时，父母就守在一边。有时为了孩子能得到一流教师的指导，他们不惜举家搬迁。古代中国孟母三迁的意义即在于此。

父母花大量的时间激励和教育孩子，或是出钱聘请最好的教师，以确保孩子能受到良好的教育。在这两种情况下，家庭生活完全围绕孩子的需要安排。父母把自己的志趣倾注到孩子身上，为孩子的进步付出了巨大代价。

二、环境造就天才

天才儿童一般都成长于丰富多彩、活泼有趣、富于变化、充满刺激的环境中：屋子里摆满了书，很小就有人读书给他们听；有人带他们去参观博物馆，听音乐会；他们的父母从不以居高临下的口吻教训他们，而是很小就和他们讨论复杂的问题。

父母的受教育程度在孩子天赋的发展过程中起着十分重要的作用，这可能是因为受过教育的父母有条件而且能够有意识地为孩子提供丰富多彩的环境。许多受教育不足的高收入家庭可能不肯在孩子的教育上多投入，不肯为孩子创造丰富多彩的环境，而是任其在电视机前或街头巷尾虚掷光阴。

但是，天才儿童的父母不一定非要受过良好的教育。在布鲁姆的研究中，雕塑家的父母受正规教育的程度及家庭经济状况千差万别，但共同点是这些父母几乎总是能够为他们的孩子提供发展其才能所必需的良好条件：为孩子购买艺术材料，为他们提供活动场地，带他们去参观博物馆。

只要父母注意引导，天赋在贫困家庭中也一样能够得到发展。有些天才儿童的父母很贫穷，但他们能够本着负责的态度对孩子进行激励和鞭策，为孩子的阅读、玩耍和讨论问题创造条件。

因此，重要的是要树立将教育置于优先位置的文化价值观念。这种价值观念与社会阶层和受教育水平有关，但又不完全取决于这些因素。贫困而没有受过教育的家庭也可以培养出不凡的孩子。

三、榜样的力量是无穷的

辉煌的成就似乎总是与父母的努力分不开。他们不仅以身作则，努力工作，还督促孩子勤奋学习。

居里夫人数十年如一日地努力工作，提炼出镭元素而获得诺贝尔化学奖，她不用一遍又一遍地对儿女说："你们要努力，只有付出艰辛的努力才能获得辉煌的成就。"她甚至可以不说一句话，儿女们就可以从她的行动中受到感染。居里夫人的孩子长大后都有所成就。这完全得益于家庭的熏陶。

父母必须做到身体力行。一味地鼓励孩子成功而自己却工作懒散的父母，对促进孩子成才的作用微乎其微；而期望孩子获得很大成功，自身又很有成就的父母对孩子的成才影响才比较大。

四、天才是培养出来的

如果你发现自己的孩子在某一方面有天赋，你肩上的责任将加重，你为孩子的付出将会增多，同时你也将从中感受到作为一个天才父母的自豪和愉悦。

但培养天才是需要细致的情感和耐心的，因为天才最容易受伤害，一个小小的意外就可能折断一棵会长成参天大树的幼苗。家长应时时关注孩子的心理，及时为孩子排解各种压力。

天才儿童很容易出现的一个问题是潜能发展与学校教育的冲突。他的画可能画得很好，但学习成绩有可能一塌糊涂，因为孩子身上的潜能分布是不均衡的。

美国父母的普遍做法是倾向于才能发展，他们这样对孩子说："喜欢做什么就做什么，要做就把它做好。重要的是自我完善，不是学习成绩。"

这些父母很少关心孩子的功课。当孩子向他们表明，手工、绘画和劳作最能发挥他们的才能时，他们便支持孩子在这些方面发展，其中有一半父母会帮助孩子寻找专门的美术学习班，另一半父母虽未帮忙，但并不横加阻止。他们培养孩子的美术技能不是为了让其在比赛中夺魁，而仅仅是因为孩子对此感兴趣。

学习成绩是暂时的，才能的发展则是一生的财富。父母要有长远的目光，而面对这样的问题更为理想的解决方式是为孩子请家庭教师，针对孩子的学习状况进行特殊辅导，减轻孩子在学校中感受到的学习压力。

由此可见，天才的养成离不开父母的教育和家庭环境的熏陶。

其实，孩子都是“天才”

天才和神童是我们生活中的热点话题，很多人对这些天赋异禀、才华横溢的孩子啧啧称奇，他们的故事是无法复制的童话还是人人可吟的诗歌？天才和神童是天赋使然还是后天勤奋付出的结果？我们如何认识这些神童？他们的成功带给了我们什么？其实，每一个正常的孩子都具有天才的潜质，至关重要的是，家长如何及早发现孩子的闪光点，合理地开发孩子的潜能……以下试举两例。

刘昕，江苏淮安人，6岁入学就直接上三年级，原是南京二十一世纪双语学校学生。2006年，年仅13岁的刘昕在老家淮安金湖参加高考，取得了674分的好成绩，被清华大学录取。

小刘昕3岁多时，就在妈妈的启蒙下开始看图识字了。后来，父母索性借来了小学一、二年级的课本，没多长时间，他竟然也都学会了。

6岁，刘昕到了上小学的年纪。老师按惯例了解孩子的基本情况，没想到他认识不少字，老师加深了测试难度，发现小刘昕一、二年级的知识全部都会。学校研究决定让这个小男孩破格进了三年级。最令人不可思议的是，这个在班里个子小小的男孩，学习成绩却一直名列前茅。

刘昕爸爸说，上小学时，每当到了寒暑假，他们工作都很忙，只好干脆把刘昕送到家门口的新华书店去看书，早晨送过去，中午才接回家吃饭。从小到大，儿子学习都非常轻松，而且成绩一直都很好，高一、高二时，每天晚上9点就准时睡觉。

高考后，在暑假期间小刘昕多了两份"兼职"。一份"兼职"是暑假期间每天负责家人的中饭和晚饭。同时，刘昕爸爸要求儿子每天到自己的公司上班，必须按时上下班，当然，儿子也能获得相应的回报，一个月可以领到600块钱的薪水。刘昕爸爸说，主要是想有意识地培养他适应社会的能力。刘昕的故事一直在当地传为美谈。

无独有偶。被誉为"天才小作家"的华裔儿童邹奇奇目前在美国是一个名人，经常来华访问，深受世人瞩目。

据说，奇奇7岁便已写诗100余首，读书1600本，平均每天阅读200～300页。"天才儿童"邹奇奇长达296页的故事集《飞扬的手指》2005年刚出版面世，便轰动了美国，全球上百家报纸和电视台对邹奇奇进行了专题报道。

母亲邹灿回忆小时候的奇奇：奇奇8个月会爬，1岁开始说话，并没表现出与其他小孩的不同。但在奇奇的教育过程中，邹灿和丈夫约翰·斯维塔克采取了"尊重教育"的方法：把孩子当成懂事的成人一样给予充分尊重，任何事情都讲道理。

尽管奇奇生长在美国，但邹灿总喜欢给她讲中国故事。除了《西游记》、《三国演义》几大名著，她还购买大量标有拼音的中文读物给她看。“奇奇最喜欢《西游记》。”邹灿说，两岁开始她每天给奇奇讲一个《西游记》的故事。3岁时，借助汉语拼音，奇奇开始自己读《西游记》。邹灿认为，中国古典作品，对奇奇的写作产生了影响。

邹奇奇妈妈觉得，女儿的想象力十分丰富，是写作的料。她为女儿买了台二手电脑，有了软件的校对和纠错功能帮忙，奇奇迷上了写作。

一个月后，奇奇新鲜劲过去，常常故事写到一半就放弃了。邹灿并不怪女儿，不好的故事也不强迫她写完。她常常挑选一些名人传记甚至历史、哲学方面的书籍让女儿阅读，还教她数学和其他自然科学，因为各方面的知识在写作中都必不可少。

从这些事例中不难看出，其实，每个孩子都是“天才”，就看家长去怎么对待。

每个孩子都有与生俱来的天赋

每个孩子都有与生俱来的天赋——这是一个你不得不信的事实。可是，天才却少得可怜，这又是为什么呢？原来，好的学习方法和好的学习习惯可以造就天才。也就是说，每一个看似普通的孩子都可以挖掘出天赋，这就看身为家长的你是怎么做的了。

陈庆惠是一位普通的妈妈，她通过充满智慧的一系列主题家庭教育，不仅将自己的儿子和女儿培养成人，而且比较特殊的是，因为妈妈对孩子的早期智能进行了及时、持续的引导和开发，从而很早就激发出两个孩子的天赋。儿子 9 岁考入美国芝加哥某大学并获得全额奖学金，18 岁获得博士学位；女儿 10 岁考入美国罗斯福大学，13 岁即毕业获得学士学位。于是，外界称其为“小爱因斯坦兄妹”，媒体和教育界的报道甚多。最关注的话题，都集中在这位平凡妈妈究竟运用了怎样的神奇家庭教育法，不但让孩子以天才的速度成长，更避免了拔苗助长的恶果，使两个孩子都沿着自己的天赋和兴趣良性发展下去，得以真正地成才、自立。陈妈妈的回答言简意赅，她认为：早教十分必要，只要善于发现孩子的兴趣并加以正确的引导就完全可以培养出“天才”来。相信每位家长都想要试试了。

一本书里有这样一句话：善于学习的母亲培养优秀的孩子。因为家长是孩子最好的榜样。每一个辅导过孩子学习的父母都深有体会：好的学习习惯和好的学习方法一样重要！而最初的好习惯，其实都来自于家庭里父母的表率和示范作用。所以，如何发掘孩子的天赋，并使其最终成长为天才，和家长的教育方法密不可分。好的早教首先要“让孩子具备独立的学习能力”，通过培养孩子的学习兴趣，让学习成为孩子自发、自愿的快乐行为。并且从一开始父母就要明白，孩子不可能一直在你的帮助下学习，要尽量让孩子克服依赖思想。养成良好的学习习惯是父母在早期的家庭教育中最应该赋予孩子的能力。

每一位家长都需要珍惜与孩子相处的时间。父母多用一份心思，多一点自我学习，多参与到孩子的早教活动中去，与孩子一起学习、一起成长，孩子的天赋就会早一天得到激发和体现！因为，天赋是每个孩子与生俱来的！专家从不主张把孩子培养成神童，但十分赞成开发孩子的潜能，这对培养创造性人才极为重要。当孩子放松，精力集中并且主动参与的时候，学习会取得最佳效果。所以，作为家长，不要刻意强调读书学习的功利性，要发掘孩子的天赋，并培养孩子的综合素质，这才是最重要的。激发孩子的潜能，培养孩子的长处，让孩子从小就能充满自信，这样他们才能在进入社会后真正地自立、坚强和成功！

最后重申：每个孩子都有与生俱来的天赋，让我们努力培养每一个天才儿童吧！

天赋的规律

人的天赋之中蕴藏着两个鲜明的规律。

一、天赋具有永恒性

天赋不是人的兴趣，兴趣属于心血来潮，狂热喜爱，当激情消失，便随即抛弃。有人两个月前喜欢唱歌，以后爱上了跳舞，半月后开始作文投稿，三周后，又对游泳如痴如醉，这就是兴趣。兴趣随心所欲变化无常，是一种靠不住的东西。

天赋是一种使人在心灵上感到神清气爽、在才智上感到一柱擎天的巨大力量。人一旦发掘到了其天赋的领域，那他从童年、少年、青年、壮年、中年、老年直至暮年甚至下一代都会研精钩深。我们可以看到，从柏拉图的哲学，李白的诗，米开朗琪罗的雕塑，关汉卿的戏曲，牛顿的科学到莱特兄弟的“飞机”，从巴赫家族七代人的音乐，居里夫人和大女儿伊蕾娜的科学研究，老仲马、大仲马、小仲马三代人的文学，罗思柴尔德家族四代人的银行，福特家族四代人的汽车，直至洛克菲勒家族六代人的石油，这些人个个都将其毕生的心血、精力、才智和青春年华全部奉献给了各自的天赋领域。

二、天赋具有神奇性

天赋使天赋者具有一种神功妙力。泰戈尔 7 岁时，就能在 20 分钟内创作出田园牧歌式的诗章。若换别人，即使是大学文学系的毕业生，再给他 3 天时间，苦思冥想绞尽脑汁，到头来也不一定能写出那种清词丽句。通常讲，在音乐、绘画、舞蹈、诗歌、影视和语言等领域，人的天赋在 5 岁时端倪渐显；在数学、物理、化学、电脑和博物学等领域，人的天赋要在 16 岁时才能显露出来；而在天文、哲学、美学、历史、法律、医学、心理学、科学和企业经营管理等领域，人的天赋要等到 30 岁时才能妙绝时人。

差异是宝

有一个老妇人，她有两个儿子，一个卖布，一个卖雨伞。雨天的时候她担心卖布的儿子生意不好，晴天的时候她又担心卖雨伞的儿子生意不好，于是她整天闷闷不乐的。有一天一个人对她说：“雨天你就想卖伞的儿子生意好，晴天你就想卖布的儿子生意好。”于是老太太就一天天地快乐了起来。故事告诉我们想事情有时候换一个角度就会大不一样。

《知心姐姐》杂志一篇文章叫《别把差异当差距》。文中一位中学校长向作者朱虹老师讲述自己的困惑：自己有一对双胞胎女儿。大女儿文静成绩好；小女儿成绩不如姐姐，考不好就大哭、发脾气，发完就没事了。作为校长，为什么对自己的小女儿没办法呢？

朱虹老师对这位校长的回答是：“你的女儿表现出来的是差异不是差距。就像苹果和橘子，各有特色，各有风味，你能说哪种水果好吃吗？有人喜欢吃苹果，有人喜欢吃橘子，你能说哪种选择错了吗？用心欣赏女儿的不同风采，你的烦恼和焦虑就会变为幸福。进而你会形成对孩子新的评价和认识。孩子也可以得到包容、得到肯定、得到自信。”

类似校长这样的情况是很普遍的，很多家长都拿自己的孩子和别的孩子作比较，而且总是拿自己孩子短处和别人孩子长处去比。最后自己焦躁、唠叨，强制孩子改进。孩子在家长的比较中自卑、不自信、压抑，个性和天赋被抹杀。

科学家们对11个半月大的宝宝进行观察试验，让宝宝坐在母亲腿上观察表演。演出的第一幕是从一个蓝色的吊箱里吊起一个橘黄色的大块物件，让橘黄色块缓慢地穿过舞台，然后重新放回箱子里。如此重复6次。第二幕与此相似，只是橘黄色块小了一些。结果科学家们惊奇地发现，男宝宝似乎根本注意不到物块之间的大小差异，而女宝宝在看到变小了的色块时立刻显得十分激动，并发出各种表达情绪的声音。这个科学实验证实了一个众所周知的道理，即女宝宝的骨骼、肌肉和神经发育比男宝宝快。

因此，女宝宝通常说话比男宝宝早。科学家们通过研究，认为女孩的左脑神经比男孩发育得快，而左脑分管语言能力，直接影响宝宝使用词汇、拼写和记忆事物的能力。正因为如此，女宝宝在分辨橘黄色块时比男宝宝更为敏感。

橘黄色块实验说明宝宝存在性别差异。不仅如此，同一性别的宝宝在生理、心理等各个方面也都存在个体差异。这些差异具体体现在幼儿心理与生理上的发展速度因人而异，所以儿童成长阶段的进程也会各自不同。尽管宝宝之间的这种差异显而易见，但是他们都有个相同点：为了使身心健康成长，从胚胎个体开始，就会有很多的内在而非外显的需要出现，“内在需要”会导致“个体”主动地去寻觅，找它要的“东西”，以达到其迅速成长的目标(例如刚出生的宝宝肚子饿了，他会用嗅觉找奶香，用嘴唇去找奶头，根据自己的“内在需要”解决饥饿的问题)。

宝宝不是一个被动的空容器，不需要大人去填塞，相反，宝宝会因“内在需求”而主动探索周围的世界，获得他需要的一切。及时观察到宝宝的“内在需要”，尊重宝宝的这种需要，并施以援手，为宝宝创造适合他成长的外部环境，家长就可以帮他好好地长大成人！从教育的角度说，大人能做的，是根据宝宝的实际情况，提供给他一个良好的学习环境，任由宝宝在其中自由地选择，从而使宝宝不受干扰地满足他的内在需要，使生命能够自然地发展，一步一步建构成一个完美的人。

娘生九子秉性各异，何况不在同一家庭中呢？父母应该顺着孩子的“秉性”“天赋”去教育培养他，而不是按大人意愿、标准塑造他。

美国作家查尔斯在他的著作《按照天性养育孩子》一书中这样写道：“每个孩子的生活都以某种线索和符号标志出他应该发展的方向。有头脑的父母会抓住孩子身上的这些线索和符号。父母养育子女的基本原则应该是按照孩子的天性去养育他。”

正如爱因斯坦所说：“每个人都身怀天赋，但如果用会不会爬树来评判一条鱼，它会终其一生以为自己愚蠢。”每个孩子都有自己独特的禀性和天赋，别的孩子有的你不要眼红、不要嫉妒，把自己孩子的天赋发掘出来才是最重要的。上天是公平的，它会把不同的天赋赋予不同的人。有人擅长这些，有人擅长那些，这才构成了这个多彩多姿的世界。就像对于不同人来说，苹果好吃，橘子也好吃。

做父母的请记住一个父亲对儿子说的这段话：“人和动物一样，都有各自不同的天赋。老虎强壮，善于奔跑；猫则温顺、灵敏……人们都希望成为老虎，而这其中有很多是猫。久而久之，这些猫变成了一批烂老虎……我不希望你成为一只烂老虎，我相信你一定能成为一只好猫。”

孩子的天赋世界

世界上的每一个人都拥有某种与生俱来的天赋，一个人最大的幸福就是能够尽早地发现自己的天赋。而大多数人的悲哀就在于不知道，或者放弃了自己的天赋。

你是否曾有这样的感受：你经常搞不懂自己的孩子为什么有那么多稀奇古怪的想法和做法；为什么孩子会做一些从来没有做过的事情，而且虽然没有人教他，却做得很好；为什么有的孩子只要让他做他喜欢的事，就会那么忘我，那么投入；为什么有的孩子只要你把他扔到他感兴趣的事情上，他会在这个事情上快速发展呢？因为，每个孩子来到这个世界就带来另一个“世界”。他们都有自己的“天赋世界”，只是这个世界的内容、结构、大小不同。这是上天赋予的！哪怕像舟舟（从小智障，却成为一个出色交响乐指挥家）这样特殊的孩子。

大家如果看过央视2010年“我要上春晚”的第五期，一定会记得那个神奇又可爱的7岁台湾男孩——游松泽。这个孩子在现场表演了钢琴弹唱《倒带》，当时就把在场评委和观众镇住了。更令人惊奇的是，这个孩子只要听一遍别人弹奏的曲子，他就能马上弹奏出来；现场乐队弹奏了《东北人都是活雷锋》和《我在马路边，捡到一分钱》，这两个曲子对于7岁的台湾孩子来说，应该是不可能听过的。这个孩子在现场听完后就给弹奏出来了，他在当期获得第二名人气王。尽管没有登上2010年春晚的舞台，这个孩子将来一定会登上更多的大舞台。

游松泽在婴儿时期，对音乐的反应就非常灵敏，身体能随着节拍准确舞动。偶然有一次亲戚送给他了一张英文老歌唱片，他听了几遍后，竟然可以轻松地唱出旋律及歌词。渐渐的，父母发现小游松泽特别喜欢音乐，仿佛有某种天分，就在他4岁时，给他买了钢琴及初学者的学习教材，让他以自学的方式慢慢学习钢琴弹奏。小松泽从学弹流行乐曲再学弹古典钢琴，听到好听的旋律他都想学着弹奏，到上“我要上春晚”这个节目时，他已经会弹800多首曲目了。

这样一个“无师自通”的钢琴奇才，他的父母对钢琴以及音乐却是完全不懂的。小游松泽在4岁11个月大时参加台湾儿童钢琴比赛获得第一名，先后被邀请上了很多电视娱乐节目。这一切使我们不得不承认他是一个在弹钢琴方面具有天赋的天才。

科学家居里夫人认为：天赋是人的一种先天具有、无师自通的素质。在母体中8个月的胎儿，对宇宙万物中的声、光、图案、色彩、景物等已有着某种天然的交融感应。毕加索对线条、色彩和空间就有这种交融感应的天赋潜能，一旦作画，就得心应手一挥即成。这给我们的提示是：每个孩子都有可能在某个领域里蕴含着某种天赋。最重要的是：孩子有了再好的天赋也需要有人发现、挖掘和培养，否则天赋就会被浪费，被埋没掉。

居里夫人对孩子执行的教育理念和方法是：发掘女儿的某种天赋领域的创造力，而不是死记硬背只会考100分的死知识。早在女儿们牙牙学语时，居里夫人就通过测试、观察和分析，对她俩的天赋进行了发掘，并在笔记本上写着：“伊蕾娜在数学上聪颖，艾芙在音乐上早慧。”当女儿上中学后，居里夫人又让她们每天再补上一节“特殊教育课”——在索尔本实验室里，安排不同的老师分别讲授化学、数学、语言学、历史、雕塑绘画、四门外语和自然科学。而每周日下午，在巴黎市理化学校里，她自己教女儿物理学。经过两年的“特殊教育课”以后，居里夫人发现伊蕾娜性格沉静、朴实、专注，比较适合在自然科学方面发展，而且伊蕾娜也想长大了当个科学家，并研究镭。而小女儿艾芙却不一样，她心思活跃，充满幻想，情绪多变。居里夫人先培养她学医，不行。再引导她研究镭，可她不感兴趣。几经波折，居里夫人发现艾芙的天赋在文艺领域。正是通过这种全方位、多层次的天赋发掘，才让居里夫人的两个女儿找到了彼此努力的方向。

几十年以后，居里夫人的大女儿伊蕾娜因“新放射性元素的合成”于1935年荣获诺贝尔化学奖，而小女儿艾芙则成为一位杰出的音乐教育家和传记作家。两个女儿都如此有出息，这跟居里夫人从小按照她们各自的天赋给予不同的培养是分不开的。

天下没有两片完全相同的树叶，同时也没有完全相同的两个人，每个孩子的天赋才能都是不一样的。了解孩子的特长、天赋，才能够对症下药、因材施教，才知道从哪儿开始培养孩子、怎样培养孩子更适合，孩子在哪些方面和领域发展更适合他。孩子的天赋并不是一开始就表露得很充分的，而且孩子的表现也是在不停地变化和发展的。所以，父母不可能一下子就把握住孩子的天赋。在没有确切了解孩子所擅长的方面的时候，只能摸着石头过河，走一步看一步。只要做父母的有足够的信心，并且不停地摸索，总会找到孩子天赋发展的方向的。

天赋教育是对孩子最好的教育

对于天赋的解释，基本一致的观点为：天赋就是天分，是成长之前就已经具备的成长特性，是针对特别的学科或领域而具有的特殊天生的能力，这种天生的能力可以在同样经验甚至没有经验的情况下，快速成长起来，而且具有特殊性、神奇性和永恒性。18世纪法国伟大的启蒙思想家、哲学家、教育家卢梭也提出了他对天赋的认识：人生来就具备一种特殊能力，但这种能力隐秘地潜藏在人们体内，表面上看不出来，我们称这种能力为潜在能力，即人们常说的天赋。因此，天赋并不是我们平常所认为的那种只有少数人才具有的禀赋，而是潜藏在每个人身体内的潜能。天赋、天赋，是上天赋予的，是上天给予每个人的偏爱。天赋谁都有，只是在量上有多少的区别，在结构上侧重面不同而已。

天赋包括两方面：一个是外天赋，也就是纯身体的天赋，比如孩子的身高、体能、长相等；一个是内天赋，是需要我们引导发现的天赋，比如在音乐、科学能力等方面。先天有了，我们后天要做的就是精确发现和有效培养。比如“我要上春晚”的游松泽，在很小的年龄就表现出了卓越的钢琴天赋，家里人发现后，开始培养。

用遗传学解释的话，天赋就像夫妇二人最精华部分遗传的结合，可能会以倍量单位或者变量单位表现出来。

美国的一位心理学家甚至这样说：“一克的遗传胜过一吨的教育。”人体细胞内蕴藏着500万个遗传基因，对后代天赋等方面有很大的影响。就是说，父母双方天赋都好，未来的孩子天赋也好的概率最大，一方好的次之，双方都不好的更次。关于天赋问题，1975年版美国《大百科全书》在“优生学”条目中说，遗传的作用占50% ~ 80%。闻名世界的巴赫家族八代136人中就有50个男性是著名音乐家，我国南北朝时期的祖冲之和他的儿子祖暅、孙子祖皓分别是机械发明家、天文学家和数学家。从一定程度上来说，天赋决定着孩子的人生走向。

苏联著名提琴家列昂尼德·科根曾讲过这样一个故事。他决定在一次音乐会上演奏一段新乐曲，为此他在妻子的伴奏下，对这首曲子做过短期练习。当时他妻子正临近产期，此后不久生了一个儿子。令人高兴的是，儿子4岁就学会了拉提琴，表现出过人的音乐天赋；更令人惊讶的是有一天这孩子突然奏出了一支从来没有人教过他的乐曲旋律，这个旋律正是列昂尼德·科根在那次音乐会上演奏的乐曲。在那次音乐会之后这支曲子再也没演奏过，也没有灌制成唱片，他的儿子四年来从未听过这支曲子。

天赋是上天特别给予这个孩子特别而又与别的孩子有区别的礼物。当你们觉得自己的孩子不如别人家孩子时，你是用孩子身上没发掘出来的天赋和别人家孩子发掘出来的天赋对比，本身这种对比就不科学，也不公平。这犹如拿小沈阳和刘翔去比，两个人的天赋根本不在一个领域内，怎么比呢?

肯定会有人说，我的孩子真没有什么天赋，学习平平，对什么美术、音乐都不感兴趣。可是，你孩子肯定有喜欢的东西吧？你孩子肯定有让你觉得有“问题”的地方吧？那你就换个角度去欣赏你的孩子，把他的兴趣看做他的天赋，把他的问题看做他的“特长”。然后围绕孩子的“兴趣和问题”让他自由发挥，必要的时候你要给予他支持、帮助，这又会有什么样的效果呢?

其实对孩子最好的教育就是找到孩子的天赋所在，并帮助他、支持他发展下去。也正好对应了那句话：“天才就是选择了适合自己的路，蠢材就是选择了不适合自己的路。”

认识天赋

霍华德·加德纳现在是美国哈佛大学教育学研究生院资深教授、美国艺术与科学院院士、美国政治与社会科学院院士、美国国家教育学会副会长。他之所以闻名于世，是因为他开创了“另类智力理论——多元智能理论”。这一理论现在已经成为美国和欧洲许多国家教育改革的重要理论基础之一。

迄今为止，科学界并没有对天赋分类研究公认的结果。霍华德教授在《多元智能新视野》这本书中也只是以一种探讨方式对智能、天赋、天才、专家这几个概念进行了解释。

智能：是一种生物心理潜能，存在于所有年龄段。

天赋：早期发育成的生物心理潜能的标志，存在于文化中的每一个领域内。如果一个人进步很快，并在某一行业或领域内潜力惊人，人们就称其为“有天赋”。这种个体天赋可涉及任何一个被承认的智能领域。

神童：是指在幼年阶段不寻常地早慧的人。神童是个案，很多神童在幼年阶段表现非常，过了这个阶段又开始平常。

天才：是在某一领域的天赋达到登峰造极，智商指数在160以上的（一般认为，智商80到120之间叫做正常，其中110到120属于较聪明，达到130叫做超常，超过160叫天才），并且在某一领域内进行了创造性工作后，对该领域产生积极影响并有成果的人，比如莫扎特、孔子、霍金。

专家：是指从事某一学科或领域十年以上，从而颇有经验和心得，并精通此领域最高水平技能和知识的人。简单地说，专家一般没有创造性成果但是具有高超技术。

我们通过下表再进一步理解：

天赋模式一览表

术语	范围	年龄段	在行业 / 领域的角色	结果
智能	生物心理	所有年龄段	—	—
天赋	生物心理	幼年	进入行业 / 领域前	明朗化体验
神童	生物心理	幼年	当前行业 / 领域中	探索并寻求广泛的信息
天才	广泛领域 / 多种行业	成年	独一无二的	与童年相关联
专家	当前行业 / 领域	成年	被行业 / 领域接受	积累知识和技能

通过上面霍华德的概念解释，人们对天赋又有了新的认识，通俗地总结为：有天赋的人是在幼年阶段在某行业领域内具有智能（一个智能或者多个智能）并且突出表现出来的人。如果成年后能在某行业领域有创造性成果，有天赋的人就又成了天才。

如果我们把霍华德的“人类多元八智能结构”放到“天赋”上去理解，那就是每个人都有一定的天赋，那些发展好的某一智能或多个智能就是这个人特有的真正“天赋”，比如我们前面提到的游松泽具有音乐天赋。我们把这“八智能”用天赋表达出来，那就是“数理天赋、语言天赋、视觉空间天赋、肢体运动天赋、音乐天赋、人际关系天赋、自省天赋、自然观察天赋”。

有了这些研究，霍华德对教育提出了自己独到的看法。霍华德认为：传统教育方式最糟糕的是，过分强调了语言智能和数理智能（也有研究者把这两项智能称为“学校智能”），否定了其他社会需要的智能，使学生身上的许多重要潜能得不到认可和开发，造成相当数量的人虽然考试成绩很好，走上社会后却不能独立解决实际问题，这是人才的极大浪费。这也让这两方面发展比较好的学生一直觉得自己很聪明，而这两方面不发达的学生只要在学校就会觉得自己很笨。学生长期处于这样的状况无疑对自身多元智能的发展很不利。

霍华德还认为：如果采用正确教育方式，每个孩子至少有八种智能能够得到开发。正确的教育方式应该是教师对每一名学生都采用不同的教学方式。传统教育采用的教学方式通常只满足了一小部分学生的需求，失去了对其他学生的其他智能开发的机会，从而造成对这些学生的不公平。霍华德提出，不仅是基础教育，即使是高等教育和继续教育都应该采用多元智能的理论，这样才能最大程度地发掘人的智能。

事实上，两千多年前我们的孔子老师（在霍华德眼里是天才）就已经提出因材施教、因性施教的教育思想。可是这几千年，统治阶层为了更好地维护他们的统治，更多的是采取“一视同仁”的应试教育。这使得大多数人的天赋并没有被发现并给予培养，甚至可能埋没了一小部分天才。放到家庭教育环境中来说，能发现孩子天赋并给予培养，这是在孩子自身具有宝藏基础之上开矿，效果事半功倍；反之，就是在孩子不具备的天赋领域辛苦挖掘，荒废了孩子自有天赋不说，有时还南辕北辙，事倍功半。正如一位美国老师所说："如果一个人丢开了自己天赋的优势和才能，在不擅长的领域里寻求发展，那么这个人很快就会发现，自己像在泥潭里挣扎一样痛苦。"所以我们做家长的，除了正常培养孩子的"语言天赋和数理天赋"，还要重点观察发现和挖掘孩子的其他天赋，并给予培养。这是对孩子自身"材"和"性"最有效的尊重，对孩子一生都会起到最积极的作用。

天赋让孩子生活得更快乐

一个人最大的幸福就是能够尽早地发现自己的天赋。当这些天赋得到充分发挥的时候，自然能够带给人极大的快乐。那些快乐的人总是恰到好处地运用了自己的天赋，并由此顺理成章地获得了成功和幸福。而大多数人的悲哀就在于不知道，或者放弃了自己的天赋。

在孩子接受教育的过程中，快乐才是硬道理。无论什么事情，一旦失去了兴趣，就会变成负担。当孩子因为兴趣而做事时，你会看到他的毅力。毅力是种快乐，不是痛苦。孩子如果喜欢做一件事，他会很投入地去做，甚至有些痴迷其中，不希望任何人打扰。而在大人眼里，孩子做的这件事可能看起来有些怪诞，大人甚至会觉得孩子是不是哪里出了问题。如果是这样，那么恭喜你，这可能就是孩子的天赋表现出来了，孩子的潜台词也是在告诉你："爸爸、妈妈，这不是毛病，这是我的天赋，请给予我支持和帮助；我喜欢我的天赋，我的天赋让我很快乐。"

然而，一些不懂孩子天赋的父母却是另一种表现。

"这个破玩意有什么玩的，你是不是有毛病呀？"

"你怎么把好端端的玩具给拆了，小败家子。"

"我真服你了，天天鼓捣这么个破东西。"

"作业做完了吗？又在玩你那点破玩意，还不赶快做作业。"

"这孩子不好好学习，整天瞎画什么。"

甚至有些父母用野蛮行动制止孩子，把孩子这些"破玩意"给扔掉、毁掉。可怕的父母们，你们不是在毁掉一堆"破玩意"，而是在毁掉孩子的天赋、孩子的快乐。

一对教子成功的父母发现他们的女儿对家里的"破烂"感兴趣。最开始父母还不习惯，但是他们很快改变过来，因为这些破烂在女儿手里真的能"变腐朽为神奇"。即使是在放学路上捡到花瓣和树叶，女儿都会用自己的创意、手工做成一个个漂亮的书签。

女儿会用一块不能再玩的橡皮泥做成一个个小橡皮泥塑。如果是一个没用的橡皮泥我们可能会扔掉，可是它变成了一个小泥塑，你会不会觉得它有了生命力而想保留下去？女儿大概从5岁开始就整理保存自己的这些"作品"，到现在已经有好几箱子了。她在做这些"作品"时，都是那么快乐，同样也给父母带来了很多欢乐。这些废物如果没有经过女儿的"加工"，父母就会把它们统统扔进垃圾箱中。最终父母不得不承认，这些废物经过女儿的想象力、创造力、动手能力的改造，都被赋予了新的“生命”。

天赋作为一个人的内在能量，它会不由自主地表现出来；而表现出来的行为对于本人来说，是一种能量的宣泄，也是一种快乐的获得。在我们面对孩子的天赋行为时，我们总用“有用、没用”“有利于学习、不利于学习”这样的思维来对待，这是我们受传统教育影响太深所表现出来的一种习惯认识。我们习惯了循规蹈矩，因此难以接受超出常规的教育思路和方法，即使明知道不妥，也不愿意打破这个框框。

我们假设一下：如果孩子喜欢上了泥塑，并表现出很高的艺术天赋，面对应试教育成长道路，你会如何选择呢？能不能让孩子自己选择呢？对于这样的两条路，我们简单地设想一下10年以后孩子的变化：

设想一：泥塑行业技师或者大师。

设想二：应试教育体系毕业生。

前一个设想结果不存在确定性，后一个设想结果基本确定，孩子学一个专业，毕业后拿到一张文凭去找工作。这两条路对于孩子是否快乐，效果完全不一样，一个是主动地学、乐意地学、快乐地学，一个是被动地学、无奈地学甚至痛苦地学。你觉得哪个更有利于孩子的生存和发展呢？前一种结果，孩子完全可能在多年学习实践中成为一个泥塑行业的佼佼者，收入多少不说，至少乐在其中。如果成为大师，一个作品的价值有多少呢？可能是几万、几十万，甚至更多，总比每月只拿几千元的工资收益高吧？父母不尊重孩子的独特性，也不允许他们去发掘自己的天赋，这会导致很不幸的结果。

我们真正的教育就是尊重并支持孩子的天赋，带领孩子作出选择，走上属于自己的天赋之路。这其中，应该重视的是过程快乐，能力提高，成果丰硕，一生幸福。家庭的支持，能够给孩子更多时间去发掘自身的天赋。每个人都有自己独一无二的故事，也都有独一无二的方式，寻找自己在世上要走的道路。人生何其短暂，做自己最快乐的事，不要被他人的眼光所左右，由自己去定义成功，这样才能真正地拥抱幸福。

天赋让孩子更有自信心

把你的天赋转变为满足你工作需求的能力会给你带来难以置信的效果。从积极的反馈中，你会更加自信。

我们每个人都有这样的经历，当我们在某一方面有好的成绩、好的能力、好的优势时，一旦有施展的空间，我们一定会信心十足，充满自豪感。有人说：“一个人不自信，是因为他没有找到让自己自信的东西。如果让他在另一个天地里展示自己，发展自己特长，他就可以找到自信。一个人甚至可能通过找回的自信努力把自己弱的一面提高上来。”在孩子成长过程中，我们会发现这样一种现象：如果孩子在某一方面表现优秀，得到老师和家长的认可，他就会越来越喜欢这一方面。比如一个孩子喜欢数学，在数学学习上有一定的天赋，他就愿意回答数学问题，这是孩子自信的表现。相反，如果在英语上学得差，语言天赋差些，他就不愿学习英语，更不愿意回答问题。

我们的父母从孩子上幼儿园开始，就向孩子灌输不自信和焦虑。为什么这么说呢？从孩子上小学开始，我们就把成绩好坏作为衡量孩子的主要标准，因为小学成绩好了，小升初就可以上个好中学，中学成绩好了就可以考个好大学，上了好大学才有机会找个好工作。孩子会经常从爸爸妈妈那里听到：“你要好好学，将来才能上好大学，才能找好工作。”那么，孩子反过来会怎样理解呢？“如果我学习成绩不好，就不会考上好大学，就不会找到好工作。”学校在教学过程中会有排名次或者评定等级的习惯，一个班级50多人，所谓的好成绩也就是前十几名，甚至更少。剩下的孩子都要在“成绩不好”中煎熬，如此，他们会有自信吗？从小到大，孩子的自信早被打击得所剩无几了，有的甚至真的认为自己不聪明、很笨。对于有语言天赋、数理天赋的孩子来说，在应试体系中，他们如鱼得水。而对于有其他天赋的孩子，是不是犹如逼猴子下海一样呢？我们为什么不让这样的孩子去“爬树”呢？

在孩子的成长过程中，外界的长久认可、激励和鼓励就来自于身边最亲近的人，或者说就是爸爸妈妈。在学校衡量的标准是成绩，成绩好可以得到老师、家长、周围人的赞美，这自然会大大激励这个孩子，巩固他的自信。那么，对于成绩差的学生，老师不会表扬，同学不会羡慕，如果家长不在孩子其他方面给予认可赞扬的话，这个孩子在成长路上会有自豪感和自信心么？一个长久没有自信的人怎么能自信地面对报考志愿？怎么能自信地面对自己所学专业？没有积极热情的投入，只有得过且过的敷衍，这样的大学就是念出来又有什么用呢？将来他又会怎么面对工作、事业、爱情呢？

牙买加“飞人”博尔特在接受国际田联专访的时候透露，自己成功的秘诀只有两个字，那就是“天赋”。而对于记者询问的，他能跑这么快的原因，博尔特说：“能跑这么快，我认为只有一个原因，那就是我的天赋。每个人都有自己擅长的事情，而我正好是田径。我有天赋，训练也很艰苦。因为我的教练告诉我，站在跑道上的每个人都有天赋，问题的关键在于天赋之外他付出多少。所以，我想，最终还是天赋和艰苦的努力。”

我们给了孩子一个健康的身体，更要帮助孩子拥有一颗自信的心。无论我们是否在孩子身边，孩子都要有面对任何挑战的勇气，这与学习成绩和金钱无关。拥有自信,你还用担心他会找不到工作么？他会有更多的选择。

天赋指引出孩子最佳发展方向

国际象棋专家孙旗男认为，天赋有两个作用：一是使初学者较快地脱颖而出，确认自己的优势地位，从而保持长期的兴趣；二是在高水平阶段用较少的时间和努力达到和超越别人相同的高度。

天赋、天赋，是上天赋予的。唯心地讲，就是老天安排你成为一个什么样的人，希望你成为一个什么样的人；而“天赋”就是上天给你的最适合成长的种子和能量，也就是告诉父母，孩子适合往哪方面发展。可能有的父母会说，我哪里知道这么准确。是的，这不就是“天机不可泄漏”吗？这就需要你用心观察，多角度了解，刺激孩子来表露出自己的天赋。

我们一生经历过太多的选择，选择对了事半功倍；选择不恰当了，事倍功半。前文已经讲过,天赋是“幼年进入行业 / 领域前明朗化体验特征”。也就是说，天赋在幼年阶段就需要准确发现，在幼年阶段确定孩子的“天赋”。那么，最好的选择就是帮助孩子选择他的“天赋”之路去成长。因为年龄太小，孩子在这个阶段是没有选择权的，选择权都在他的父母手里，那帮助孩子作选择的只能是父母，所以说，我们父母的选择决定了孩子天赋发展的方向。可见，我们父母对孩子天赋的成长承担了多么大的责任。居里夫人、游松泽父母都是作了正确选择的父母，他们的孩子也成了幸运儿，能够按属于自己的天赋成长模式去快速成长，并在这个天赋领域取得成果。

我们知道，一个好的导演最重要的能力之一就是会选演员。在华人导演中，王晶就是这样一个人。王晶在一次访谈节目中谈到，有些演员尽管走上演艺之路，可是无论你怎样塑造，给他角色、拿钱砸他，他都不会成为明星。“我有一点（诀窍），我看演员能不能走红特别准，100 个有中 95 个能看准。”这实际上是王晶看到了这些人是否具有做演员的天赋，也就是有没有那个灵气。

很多父母会说：这太难为我们了，我们怎么知道孩子有哪些天赋呢？所以我们做父母的需要学习如何发现孩子天赋的知识和方法。智慧的父母，给他们孩子的将是一个“天赋”命运，这个“天赋”命运正是这些孩子想要的。正如居里夫人所说：我们必须有恒心，尤其要有自信力！我们必须相信我们的天赋是要用来做某种事情的，无论代价多么大，这种事情必须做到。

天赋培养让家长省力、省时也省钱

在中国所有家庭中，教育都是家里的大事，家长在孩子身上竭尽所能地投入精力、时间、财力，可往往收效并不让家长感到满意。问题出在哪里呢？问题就出在家长们没有准确发现孩子的天赋特长，没有做到因材施教。这导致的结果是孩子学得费劲、不开心，家长也筋疲力尽。而如果我们准确发现孩子天赋再给予培养，效果就完全不一样了。除了我们在前面说的对孩子的好处，我们家长也能够节省精力、时间和财力。

一、节省精力

我们发现了孩子的天赋，这犹如我们从迷茫思考中找到清晰的方向一样，可以对孩子“对症下药”了。你不会“乱投医”，再逼孩子去他不擅长不喜欢的补习班、特长班。乱上或者多上特长班，体现了我们家长两个错误的教育观念：一是希望孩子成为全才，二是严重的攀比思想。结果是孩子硬着头皮去学，没有自由也没有快乐。就像爸爸妈妈硬把女儿送去学跳舞，女儿不想学，甚至都哭了，爸妈还连哄带吓以爱的名义让她坚持。孩子受折磨，家长们也觉得冤枉：爸妈花了钱，孩子怎么不好好学，不理解爸妈呢？这样做的结果是几败俱伤，更重要的是使孩子在错误教育中迷失了灵性，天赋被延误，甚至被抹杀，错失了最好的教育时段，给孩子心灵或多或少也造成伤害，这是多少钱也买不回来的。我们切不可再错下去了。让孩子学习喜欢的擅长的东西，孩子也会轻松、快乐起来，你就不必每天为孩子教育苦恼不已了。

二、节省时间

孩子找到喜欢学习的东西，他就会主动学习，从兴趣中激发自学能力，效率和效果都会大大提高。你不用做无谓的接送、陪学了。这样的好处是，大家都解放了时间，让我们家长也可以有时间做自己的事。

三、节省财力

今天，教育支出已经占我们家庭财务支出中很大的一部分，而且是笔不可缺少的支出。对普通家庭来说，这确是一种经济压力，特别是现在社会上琳琅满目的各种补习班、特长班、某某学习营费用都不便宜，而培养孩子学习某种特长的乐器、设备价格也不低。这些费用一加起来，就不是小数了。举个例子，一些家长为了让孩子学钢琴，给孩子买了钢琴，又请了专业老师辅导。孩子学了一段时间，实在学不下去，就只好放弃了。对于孩子只是学过钢琴而已，对于投入的财力，就要有一大部分打水漂了。按孩子天赋有针对性地选择特长学习班，这会大大降低我们的教育支出，减少家庭经济压力，也让我们家长生活得能够轻松些。

找到孩子的天赋并加以培养，这是双赢的做法，不仅能让孩子快乐地学习和成长，我们家长也节省了精力、时间、财力。而这一切的主导权都在家长手里，我们就是孩子人生起航时的船长，我们有责任也有能力做好这个船长。

不同天赋，不同的教育法

每个孩子都拥有与生俱来的天赋，父母应想方设法尽可能地去诱发这些天赋。那些在智力测验时口齿伶俐、词汇丰富、条理清晰、运算快捷的孩子大部分在尖子教育的路上如鱼得水。但有些孩子的潜能往往表现在其他方面，如：音乐、舞蹈、美术、直觉、机械理论、社会见解、创造性的想象力等。有这些潜能的孩子在智力测验时往往表现平平，因为他们不适合传统的尖子教育法。对具有不同类型天赋的孩子，父母和教师应使用相应不同的教育方法。

一、多种语言型

具有各种语言优势和技巧的孩子，其最好的学习方法是多听多阅读，并鼓励他们用外语自由交谈和写作。

二、音乐型

美妙的音乐、和谐的旋律对这些孩子最有益处，应让他们上各种音乐课，观摩各种音乐表演，参加各种音乐活动，独唱也不失为一种方法。

三、逻辑运算型

这些孩子善于抽象思维，概念清楚，喜欢探索事物的相互关系。应多让他们玩逻辑填字游戏，给他们讲推理故事，对其提出的寻根究底的问题给予理性的解答。

四、空间型

这些孩子善于通过视觉形象来汲取知识的养分。多利用视觉教具，电影、幻灯、各种地图和曲线图、艺术活动、视觉练习、建筑拼板以及有声有色的故事会对他们帮助良多。

五、整体动作型

这些孩子最喜欢亲自参与各种活动，喜欢亲自动手做事。应让他们参加各类富有创造性的活动，参加戏剧活动并担任角色，参加手工活动和体育运动。

六、交际型

应让这类孩子参加社区活动，参加校内各种社团组织，强化其社会理念和交际技巧。

七、自我认识型

应放手让孩子自学，让他们自己制定和实行学习计划，向他们提供各种备有答案的自学教材。

正确对待孩子的天赋

自己的孩子拥有某种天赋，对于孩子的父母来说是非常值得自豪的事情。但是很多实例告诉我们，孩子的天赋常常会被不可取的教育手段所摧毁。怎样正确对待孩子的天赋呢？以下提一些合理化建议。

一、不要苛求有天赋的孩子性格是四平八稳的

在人类历史上，很多天才都被周围的人视作“怪人”，也就是说，很多天才按世俗眼光来看，其性格是有缺陷的。同样，有天赋的孩子不总是“讨人喜欢”的，比方有艺术天赋的孩子，在与别人起冲突时往往表现得更敏感、脆弱，动不动就掉眼泪；而那些为证明自己是正确的而捶胸顿足、态度咄咄逼人的孩子，长大后往往具有领导和管理天赋。性格从某种意义上来说，是天赋的“显示屏”，而一旦父母苛求孩子有“完美的性格”，不仅容易导致与孩子冲突，也可能逐渐埋没孩子的天赋。

二、发现天赋的过程中会有失败的尝试，不要因为失败就不鼓励下一次尝试

孩子的天赋是一种“假象”？有这种可能！一方面，儿童的好奇心和三分钟热度，很可能给父母制造了“我孩子很可能是绘画天才或钢琴神童”的假象；另一方面，父母望子成龙成凤心切，也可能造成对孩子的天赋的判断失误。这些都是正常的，切不要因为“上次看走眼”了，就对孩子下一次在其他领域的兴致勃勃持否定态度。

三、在启蒙阶段，一个持赏识爱惜态度的老师胜过一个“天才老师”

发现了孩子的天赋，要不要一开始就遍访名师，让这一领域的“大师级人物”来教他呢？其实没必要，老师对孩子的赏识与爱惜态度，比教孩子多少技巧更重要。4～6岁的孩子心灵还很脆弱，这一阶段，老师的重要任务是保护好孩子的自尊、自信与好奇，而“天才老师”多数并没有教小孩子的耐心，他们会出语尖刻，会用“敲重锤”的方式来逼迫孩子再上一个台阶。

四、天赋是一种综合素质，而不能视做“单一技能”

很多孩子身上综合有好几种天赋，如语言天赋与绘画天赋、音乐天赋与身体运动天赋，或者逻辑数学天赋与空间想象天赋，为了让孩子速成为“天才”，有些家长在孩子四五岁时就功利性地为其确定“专业”方向，这是很不明智的。因此，在孩子尚小时，父母不要急于为他选择“专业方向”，而是应该提供更宽松的环境和更多的“游戏式练习”，给孩子才能突出的一面有更多的表现机会。如同时有语言天赋与绘画天赋的孩子，可以创作“绘画日记”、“宝宝绘本”等；同时有音乐天赋与运动天赋的孩子，多参与配乐操与舞蹈的练习，可能更能让孩子身心愉悦；而逻辑数学及空间想象天赋突出的孩子，父母要更多地提供“实验器材”，帮助他们收集实验主题，与他们一起做实验，就是最好的“玩耍”。

五、急于展示“培养”的阶段性成果，往往会使孩子的天赋消失殆尽

父母急于抬出孩子来给客人表演、搞个考级证书什么的，往往导致“伤仲永”式的结局。这是因为，为了应付表演及考级，孩子不得不花费大量时间沉陷在枯燥的反复练习中，当练习侵占了孩子玩耍、吃饭、看电视乃至睡眠的时间，孩子岂能不滋生反感？而热爱和兴趣，才是天赋的催化剂；

反感只能成为天赋的消融剂。很多父母反映孩子考了个4级，就再也不愿碰钢琴，就是这个道理。培育天赋，取急功近利的心态往往欲速则不达。

六、孩子有天赋，不宜早定型

父母在发现自己的孩子在某一方面有才能时，最容易发生的事情是极力把孩子往这个方面推。

著名物理学家杨振宁教授在谈及自己成长道路时回忆，当父亲发现他在数学方面有天赋时，特地请来一位教师为他补习《孟子》，而不是强化数学。

心理学研究表明，孩提时代是一个人的“外界获得”时代。这时的孩子对外界的一切都感兴趣，都想探个究竟。父母应尽力满足孩子，积极创造条件让孩子广闻博览，给大脑施足“基肥”，这样有助于孩子在兼收并蓄中形成良好的智力背景和宽阔的思维空间。

作为父母，莫把孩子的兴趣当专长，更不宜过早地为孩子“定向”，而是应该找准孩子的弱项，有意识地进行弥补，使孩子的生活更宽泛些。

奶奶只会宠坏孩子吗

“几乎所有的父母都爱说：奶奶只会宠坏孙子。其实这种说法是错误的。”俄罗斯科学院心理学研究所科研人员塔季扬娜·季霍米罗娃如是说。她曾在莫斯科市内一家私立学校进行研究，从一年级和二年级共抽取30名学生，对他们的创造能力和智力进行了测试，所得到的结果使她大吃一惊。

结果表明：凡是由奶奶带大的孩子，其创造潜力要高出40%！也就是说，他们的思维方式比同龄人更奇特，遇事更容易得出别出心裁的解决办法，而这些正是天才们具备的特点。

不过潜力归潜力，这些由奶奶带大的宝贝孙子的智力比由父母带大的孩子低 10%。但这并不意味着他们比后者笨，而是说明他们比较难适应学校制订的教学大纲，学习起来要困难一些。

当然这两个结果都还需要作进一步验证。说不定在学生都来自收入不高家庭的一般学校里情况又有所不同呢？为了探索真理，季霍米罗娃又到市郊去随便找了一所中学进行调查。

参加这次测试的有 180 名三年级和四年级的学生，还有他们的奶奶和父母。结果又如何呢？奶奶照看大的那些孩子其创造能力又一次高出同龄人 28%。这到底是怎么回事呢？这些退休老人是怎样“赋予”孙子们天赋的呢？

季霍米罗娃认为这是教育方法问题。因为调查表明：奶奶们比父母更经常夸孩子，给他们充分的选择和自我表现空间，对他们总是有求必应，干什么都由着他们的性子，恰恰是这种“纵容”有助于孩子创造力的发展。而父母的严格要求和动辄惩罚的严厉教育方法却恰恰相反，这种教育方法只会扼杀了孩子的天赋。

就算这样吧，那智力高低又算是怎么回事呢？难道奶奶们真的使孙子的智力变低下了？谢天谢地，绝不是这么回事。在莫斯科郊外的这所中学里，由奶奶和父母带大的孩子都表现出相当的智力水平。可是有意思的是，心理学家得出结论：一个平平常常的奶奶所坚持的“软性”教育法对孩子的智力无补，但父母调教出来的孩子其智力却相当“发达”。他们的严格要求，他们的监督，对孩子思维能力的长进都能起到一种催化作用。虽然孩子的智力在很大程度上与遗传有关，但后天过多的独立行动和对信息毫无选择的接受都有损智力：当孩子整天盯着电视屏幕，他们的大脑便不再工作，信息也就变成类似口香糖等供咀嚼的东西，已经不是精神食粮。家长很有必要帮孩子安排好自由时间和对所获得的信息进行精选，只是不能矫枉过正。因为最好的教育方法也都有它们的两面性，一方面能提高智力，另一方面是对一个人的天赋和个性萌芽的肆意践踏。

所以说，孩子可以交给奶奶去看管，去“溺爱”，这让他们在受到父母“粗暴对待”的同时也能找到些许平衡。可如果家里要没有奶奶呢？那就父母自己也当当“奶奶”，有时候也用用“软性”教育方法。至于那些认为奶奶的“放任自流”完全毁了孩子的父母，建议他们再怎么忙也别不管孩子的教育。

季霍米罗娃还警告说：完全没有必要去改变奶奶对孙子的态度，因为正是她们在对孩子的天赋施加51%的影响。

第二辑　发现孩子的天赋

天赋——你我他都有

天赋，就是孩子本身存在的一种潜能，如果没有，它是学不来的；如果有，它虽然抹不去，但却有可能被埋没。

如果自己的孩子没有某方面的天赋，家长却逼着他成为那方面的天才，往往只会毁了一个孩子；如果孩子有什么天资没有被及时发现，耽误了学习的机会，将来一家人都会抱憾终生。所以，如果真能一眼就鉴定出“真伪”，岂不省事？

问题就在于，孩子的天赋是很难三下两下就鉴定出来的。比如贝多芬的侄子卡尔，他也能弹琴，但是并没有成为伟大的钢琴家的天赋，贝多芬只相信自己的判断，结果逼得卡尔想要自杀，多么悲惨。怎样鉴定出自己的孩子有没有天赋，关键就在他成长的少年时期。这里可以给家长们一些具体的参考办法，是美国耶鲁大学的罗伯特博士提供的“孩子各方面天赋的特征”。

1. 善于记忆诗歌和富有情趣的台词。

2. 很少迷路，尤其是女孩。

3. 能注意到别人情绪的各种变化。

4. 经常问“这件事是什么时候开始的”之类的话。

5. 动作协调优雅。

6. 能很好地按调子唱歌。

7. 经常问雷鸣、闪电、下雨等关于大自然的问题。

8. 你改用了讲述故事时常用的一个词时，他会纠正你。

9. 学习系鞋带、穿袜、骑自行车很快，且不费力。

10. 喜欢扮演角色、编故事，且演得、编得很像样。

11. 乘车的时候会说“去年冬天奶奶带我来过这地方”之类的话。

12. 爱听不同的乐器演奏，并能根据音色讲出乐器名称。

13. 擅长画地图、绘物体。

14. 好模仿各种表情和各种体育动作。

15. 按规格、颜色收藏玩具。

16. 善于表达做某件事的感受，如“这样做我很高兴”。

17. 很会讲故事。

18. 喜欢评论各种声音。

19. 与某生人见面时会说出“他使我想起了小明爸爸的样子”之类的话。

20. 能准确地说出他能干什么，不能干什么。

如果你的孩子表现出如上情形的话，他可能已显露出出色的能力和才华了。具体对应如下。

语言能力——1、8、17；

音乐能力——6、12、18；

逻辑数学能力——4、7、15；

空间想象能力——2、11、13；

身体运动能力——5、9、14；

人际关系能力——3、19；

了解自己的能力——10、16、20。

专家研究表明，其实生活中几乎每个孩子都会在这上面的20条中找到那么一两条甚至更多吻合的地方。回想一下你的孩子是否曾有过这些表现，相信很多家长都会说“是”。难道我们已经埋没了孩子的天赋？恐怕确实如此。对于孩子还很小的父母来说，这几条标准真的是鼓舞人心，也许家里的宝贝会是一个“练武奇才”，只要指点得当，就能成为“武功盖世的豪侠”。

怎样引导孩子的天赋，或者，怎样挽救已经被忽视的天赋？那就是先学会欣赏。欣赏孩子，孩子才会欣赏自己。不管你是否真正挖掘到孩子的天赋，至少你给了他积极向上的想法，而这将一直影响他的成长。

西方人说，上帝为你关上一道门，就会另外打开一扇窗。发现孩子的天赋，可能是一个比较曲折的过程，很多人都会在并不擅长的地方投入感情，但这绝对不会浪费的。

美国前国务卿赖斯被称为“白宫中的黑玫瑰”。她出生在种族歧视很严重的美国南部，母亲是一位钢琴教师。在赖斯4岁时，她已经掌握了一些曲子，她和全家人都梦想着自己有朝一日成为职业钢琴家。在16岁那年，赖斯进入父亲所在的丹佛大学拉蒙特音乐学院学习钢琴演奏，她以为将来有一天，自己能到卡内基音乐厅这样的音乐圣殿中独奏。

但是现实是，她并没有音乐天赋。怎么知道的呢？

在大学学习的一个暑假，她参加了一个音乐节，她看到那些11岁的孩子们只看一眼谱子，就能演奏她要练一年才能弹好的曲子。“当时我想，我不可能有在卡内基大厅演奏的那一天了。”

音乐家的梦想破碎了，但赖斯没有完全放弃钢琴，而是将它当成自己的业余爱好，保留至今。其实赖斯的爱好很广泛，她喜欢看体育比赛，受过多年专业花样滑冰训练。她曾经每天早上4点半就起床，去溜冰场练习步法。受父亲的影响，她对美式橄榄球也十分感兴趣。直到她开始关注美苏问题，才真正找到了自己的特长。

赖斯曾经说：“如果我能够当上美式橄榄球联盟主席，宁愿不当国家安全顾问。”她在父母的支持下有众多的爱好，虽然都没有发展成为专业特长，但丰富了她的生活。她上大学的时候，肯定不是窝在宿舍里看电视、聊天、无所事事的那种孩子。

以世俗的眼光来看，只有那些在艺术、科学等领域突出的人才有天赋。可是谁能说会做包子、会理发就不是天赋呢？特定的天赋是可遇不可求的，广义的天赋却存在于每一个孩子的身上，不要拿着宝石的标准去寻找美玉，让你的孩子做自己吧。

谁来发现孩子的天赋

人的天赋素质虽然不能人为地造就，但可以去发现，父母、老师、自己都可以发现自己的天赋，甚至是因为一次偶然的突发事故。下面简单举几个事例来说明。

其一，父母在日常生活中，发现了儿女的天赋领域。

盲人歌手杨光在8个月时得了视网膜母细胞瘤，视力彻底丧失。渐渐地，杨光的父母发现儿子在音乐上有些特长，乐感极好，一些曲子，他只要听一遍就记住了，并且歌也唱得很棒。在杨光8岁那年，父亲出差时给他买了电子琴，杨光摸到琴时高兴不已，爱不释手。母亲请杨光的姑父教他弹琴。由于杨光学会了切菜等细致活，锻炼了动手能力，所以，杨光学起琴来很快。姑父教给他哪个键是什么音，他练几遍就记住了，并能准确地弹出来。半个月后，杨光就能弹出自己从收音机里听来的歌，音符和节奏都很准。

第二年，爸爸妈妈又给杨光买了一架钢琴，请声乐老师教杨光弹钢琴和乐理知识。11岁那年，正在哈尔滨市盲聋哑学校读书的杨光，被选入了市残疾人艺术团。19岁时，杨光进入北京残疾人艺术团。2007年，在央视三套“星光大道”总决赛上，杨光以一首《你是我的眼》夺冠。

对孩子的抚养方法在很大程度上决定着孩子的天赋得到发展还是抑制。如果孩子表现出天赋，父母应想尽办法鼓励支持这种天赋，提供一切所需要发展的条件。

其二，教师在教学过程中，发现了学生的天赋领域。

新加坡的陈明隆上小学后，性格非常内向，也缺乏自信，和陌生人交谈会显得特别拘谨和羞涩。陈明隆父母怀疑他患有自闭症，校方也安排他在学校接受辅导。

2005年，教师黄慧莲成为他的班主任教师后，发现他很会画画，并且富有创意。2006年，黄慧莲老师把他的一些作品装订成画册，并分发给同学，11岁的陈明隆才意识到原来他也擅长画画，因此获得很大的鼓舞。他从此变得更加开心，也较能适应学校生活。

其三，自己发现自己的天赋领域。

德国的心理学家阿德勒说他在念书时，认为自己完全缺乏数学才能，毫无学习数学的兴趣，因此考试经常不及格。后来偶尔发生的一件事，让他的潜能迸发出来。他出乎意料地解出了一道连老师也不会做的数学难题，这次的成功改变了他对数学的态度，找到了“数学天才”的感觉。结果他成了学校里的数学尖子。

其四，在特发事件中，某人的天赋领域突然显现。

李玉刚，中国歌剧舞剧院国家一级演员、全国青联委员、青年表演艺术家。他是中国艺术界第一个将传统艺术辅以时尚包装的明星级艺人，他是第一个在联合国总部向世界人民弘扬中国传统文化的艺术家，被海外媒体称为“中国国宝级艺术家”。

1998年，李玉刚来到了西安，喜欢唱歌的他在一家歌舞厅找到了一份兼职歌手的工作，靠唱流行歌曲赢得了一些观众。在一次演出时，因为女演员没到场，李玉刚为救场独自把《为了谁》这首歌用男女混唱的方式唱了下来，从此出了名。从1998年到2006年，李玉刚都在苦心钻研男扮女装这门艺术。2006年获得中央电视台“星光大道”季军。

中央电视台“文化视点”栏目对李玉刚做了一次访谈，在谈到李玉刚的声音时，主持人马东谈到了李玉刚嗓子的天赋，李玉刚也证实了这一点。

马东：“男孩子发女声其实就是一种天赋，他一定在某些发音位置上有不同于常人之处。”

李玉刚：“我跟声乐老师也探讨过，我是属于那种嗓子构造比较特殊，嗓子两头比较长的那一种，两头声音（低音高音）都能够得着，往上往下都能走。”

每个孩子在各自的领域里，都潜藏着不尽相同的天赋，唯一的问题是父母如何在日常生活中去发掘他们的天赋，教师又如何在教学过程中发掘其学生的天赋。父母和教师应该首先心怀使命感和责任感，其次要在多领域多层次全方位地去试探、观察和发掘孩子的天赋。具体说：可先在文学、历史和哲学上试试，再在数学、物理和化学方面试试；可在音乐、绘画和舞蹈方面试试；还可在游泳、影视和电脑方面再试试看。这样不断地尝试、不断地观察、不断地发掘，周而复始，久而久之，孩子的某种天赋领域总能被发掘到。一旦孩子在某种领域能够做到举一反三、教一识百、融会贯通，就说明已经发掘到属于他自己的天赋领域了。孩子的天赋被找到后若能够得到家长和教师的培养与关注，孩子在其天赋方面有所成就的时候也就不远了。

发现你孩子的天赋

在日常生活中，家长务必注意孩子的行为举动、好恶，在他与别人玩耍、交谈或自己阅读时，可以发现他的某种天分，比如他不爱弹琴却喜欢绘画，没有耐心却有创意，或很善言、热忱。记下孩子的性格倾向，有利于诱导他今后的发展。家长应做孩子生活的有心人，切不可对孩子置之不理，无视孩子的特别之处，错失了培养卓越人才的时机。

孩子的才能最终被发现，这是幸运的。更多的孩子的才能却终身未被发现，许多天才于是就这样被埋没了。这是在发现和引导上出了问题。

可能会发生这样的事：当你决定测试孩子有无绘画能力时，就给他一张纸和一支笔，让他按照你规定的题目画画，结果发现孩子无法动笔，由此认定孩子并无绘画能力。而当某一天，孩子拿着小石子在地上画出各种图形，你悄悄走近时大吃一惊，原来孩子画得非常好。

有这样一个故事：

西汉时期，有位著名的将军叫李广。一天，李广打猎归来，天色将晚，路边的草木变得有些模糊。突然，一只老虎出现在眼前，将军取弓抽箭，用尽全身力气向猛虎射去，然后策马狂奔。他回到驻地，不再惊慌，心想那只老虎也许被射中了，于是便召集众人一同前去捕捉老虎。到那里一看，原来是一张虎皮披在一块大石头上，而李将军所射的箭头已深深扎进了石头里，许多人一起用力也无法拔出。为了核实自己的力气，将军使出全身力气再射，箭头却再也无法射进石头里。

我们通过这个故事可以发现这位李广将军的潜能足以将箭矢射进石头，但当他有意测量自己的潜能时却达不到那样的水平。

这样的潜能的完全发挥是在非常特殊的情况下产生的，浓缩能量的瞬间释放能产生爆炸般的威力。

可见，当孩子没有通过你有意设下的测试时，也不应就此认为孩子没有这方面的天赋。某种意义上说，我们甚至不建议这样的有意为之。默默地观察，细心地发现可能更有利于发掘孩子的天赋。

从兴趣、性格、行为看天赋

时下重视孩子教育的家长很多，但深谙教育之道的家长却很少。家长都想把自己的孩子培养成才，却又不知从何着手。他们或者盲目仿效别人，或者买一本家教方面的书照章办事。结果别人的孩子成功了，自己却破财费力不见效果。道理很简单，他们没有发现孩子的天赋。

那么，从何处着手更能准确发现孩子的天赋呢？总结一下，应主要从孩子的兴趣、行为和性格这三个方面看。

一、从兴趣看天赋

孩子的兴趣所在往往就是其天赋的“闪光点”。以贝多芬为例，这位世界级音乐大师4岁时就对音响与旋律产生了浓烈兴趣，喜欢在琴键上来回按动。其祖父及时抓住这一“闪光点”，有意识地去培养他，结果他8岁就能登台表演，最终成为享誉世界的音乐家。

那么，孩子的兴趣又如何去发现呢？主要在于家长平时的仔细观察。孩子是否接连不断地提出某一方面的问题，是否聚精会神地听某一方面的讲述或津津有味地谈论某一领域的事情，是否主动地参加或观察某个活动，是否专心地做某方面的小实验，是否经常购阅某一方面的书籍，是否特别珍惜某些物品，等等。另外，家长应多与学校的老师联系，并和孩子一起玩耍、散步、旅游，以便发现孩子的爱好与兴趣。

二、从行为看天赋

孩子在从事种种日常活动时时有不同的表现，家长应睁大眼睛随时留心观察孩子的灵性所在。所谓灵性，是指孩子在某项活动中表现出色，优于其他同龄儿童，表现为对某些知识一点就通，容易入门，学习的积极性与主动性强，热情长久不衰。如孩子很早开始说话，说起话来滔滔不绝，对语言的记忆力较强，喜欢讲故事，这表明孩子有语言天赋；如孩子爱听车或船的鸣笛声以及其他有节奏的声音与乐曲，学习新歌曲毫不费力，这表明他有音乐天赋；如对分类与图形颇感兴趣，擅长下国际象棋或跳棋，喜欢问抽象的问题，表明他有数理天赋，在数、理、化等学科方面有优势；如爱提各种各样的问题，对天文、地理和自然现象的知识感兴趣，这表明他有空间想象天赋，长大后极可能成为自然科学领域的佼佼者；如能较早地接受各种运动项目，熟练地掌握各种体育器械，这表明他有运动协调天赋，让他从小参加体育训练班可能是最佳的早期教育方式；如能观察到别人的微小变化，在阅读小说或看电视、电影时能很快认出其中的正、反角，这表明他有管理方面的天赋。

三、从性格看天赋

有研究表明，孩子的个性也是其天赋的“显示屏”。密歇根大学的专家在20年前对125名3～10岁孩子的母亲进行问卷调查，依据孩子在同别人发生意见分歧时的态度予以性格分类，并与20年后的情况进行对照研究，发现那些意见一旦被否决就直掉眼泪的孩子，感情脆弱、敏感，日后大多数成为有艺术天赋的人。相关人士的解释是：这类孩子从不试图解决冲突，因此长大后的内心世界比较丰富。而那些总想设法在语言上达到目的、喜欢做立论性发言、显得自信的孩子，长大后许多人成了法官、新闻记者或律师。至于那些说话不经过深思熟虑就脱口而出、为证明自己正确而捶胸顿足、态度咄咄逼人的孩子，日后容易成为部门的领导或管理者。

最易被家长忽视的天赋特征

综观中外神童，好像他们天生就有一种资质，或是源自内力，或者源于外力的作用，他们对于世界事物有一种特殊的感觉，或者在某一方面有一定的优势，比如博闻强记，比如喜欢阅读，比如热衷于艺术，有的孩子甚至达到废寝忘食的地步……然后家庭教育加以科学的引导，创造有利的条件，孩子顺着自己的兴趣发展下去，在某个领域某个时候便会出现奇迹，“神童”由此而来。

英国牛津大学天才儿童研究中心前讲师贝纳德特·泰南认为，许多天才儿童可能在学校或考试中表现并不优异，但他们在其他方面的表现能够说明他们拥有高于同龄儿童的才能。她给出小学生六大最容易被家长忽视的才能类型。

类型一：喜欢发号施令的领袖。有的孩子善于重新排列物品，或有条不紊地给全班同学排座位，他们可能具备强有力的领导和组织才能。

类型二：年轻的大亨。在小学里，一些孩子很快发现，如果他们将平时的零用钱积攒起来，他们假期中就将拥有一大笔钱来支配。这些孩子长大后很可能成为像英国维京大西洋航空公司总裁理查德·布兰森那样的人。

类型三：刨根问底的记者。一些孩子总是充满好奇，有时甚至不厌其烦地问问题。但是如果他们这种特性得到家长的培养和重视，他们极有可能成为记者或宇航员。

类型四：设计师。这种类型的孩子，如果让他独自待一会儿，他就能够用积木搭建出一座法国埃菲尔铁塔的模型。具有这种才能的孩子明显具备设计师或建筑师的天赋。

类型五：未来的作家或文学家。有的孩子喜欢讲故事和写故事。他们的想象力超丰富。发现孩子有此种个性的家长要好好培养孩子，因为他们很可能是下一个 J. K. 罗琳。

类型六：演讲者。这种孩子喜欢同人讲话。他们甚至在上课时也和同学在下面窃窃私语。作为家长，请不要制止他们的行为。他们的行为说明，他们有着特殊的演讲才能，若加以正确培养和训练，他可能成为律师或电视主播。

及时发现天赋潜质，并提供良好的成长环境，才能造就天才。家长应时刻观察自己的孩子，别忽视了他们难得的天赋，错失成才的良机。

识别孩子天赋的6条线索

每个孩子都不同程度地具有某个方面的天赋和潜力，只不过有的天赋高些，也就是人们常说的天资更聪明些而已。不论孩子的天赋属于哪一方面，它们都是宝贵的，都应该得到家长的鼓励和肯定，这样才会更加有利于孩子进一步发展。有经验又细心的父母不难观察到，有的孩子早在一岁左右就会明显地表现出某方面的天赋和才干。

许多父母会问，怎样才能知道自己的孩子是否有天赋呢？别急，看完下面介绍的几条线索，你就会心中有数了。

一、比同龄的孩子起步早

你家孩子是否比别人更早学会对着人微笑或自己坐起来？当大多数9个月大的孩子还只会满地乱爬的时候，你的孩子是否已经开始扶着家具站起来甚至想迈动胖嘟嘟的小腿了？他是否比别人更早开始牙牙学语或捡了东西就往嘴里塞？尽管也有一些人小时候“开窍”比较晚，日后也成了知名的科学家或语言学家，但是不可否认，孩子早期的表现预示着你的孩子在某些方面很特别、很不寻常，可能具备某方面的天赋和潜质。

二、具有惊人的记忆力和观察力

在许多同龄的孩子还“混沌未开”，没有任何记忆的表现的时候，你是否惊讶地发现你的宝贝居然记得他见过的一些人和事物？例如，妈妈今天的穿着和平时的不太一样或换了新的发型，平时胡子拉碴的爸爸今天下巴看起来光溜溜的等，都被他捕捉到了并且有或惊讶或欢喜的表现。

三、具有丰富的创造力和想象力

你也许会问：一两岁的孩子也有创造力和想象力？是的，尽管大多数一岁左右的孩子并不具备很好的解决问题的能力，但一个有超常天赋的孩子却常会有些让父母大跌眼镜的惊人表现。例如，一岁的宝宝，当他看见门背后挂着他想要但是够不着的东西的时候，他会推个小板凳过来把自己垫高（当然，他并没有意识到其中的危险性）；当他在看儿童卡通电视的时候，会用手指着自己的耳朵表示他看到小白兔了。

有丰富创造力和想象力的孩子的另一个特征是特别善于搬弄家里的玩具和物品，把它们当成他所听过、见过的其他东西来玩，并且乐在其中。例如，两岁的孩子也许会扛起比他个头还大的桶装水空桶，煞有介事地喊“送煤气，送煤气”，或扛起一包牛奶大喊“送牛奶，送牛奶”。这样的孩子还具有丰富的联想能力，例如，有的孩子平时上下楼的时候常被爸妈抱着摁电梯按键，那么到了宾馆、酒店的电梯间，他就会不断地寻找电梯的按键。

四、具有幽默感

爸爸今天戴了副太阳眼镜扮酷，或妈妈早上起床时匆忙间给孩子穿了两只不同的袜子，都会令他笑得手舞足蹈，这些迹象表明孩子有很好的幽默感，他会注意到身边一些不太协调的东西并感到好玩、好笑。

五、具有强烈的好奇心和探索欲

尽管所有的孩子都具有极强的好奇心，但大多数孩子的注意力是极容易分散的，只要大人一打岔，他们马上就会把刚才自己坚持想要得到的东西抛在脑后。但是，一个具有强烈好奇心和探索欲的孩子则不然。当他们想要弄清楚那东西究竟是怎么一回事的时候，他会倾注全力。例如，当他看到爸爸弹吉他的时候，他会坚持要弹，大人只是哄一下让他象征性地弹弹是没有用的，一定要学着爸爸的样子抱着吉他敲打，还会一个劲地问：

“是不是这样？是不是这样？”爸爸想要取回吉他，没门，孩子还没尽兴呢！

六、较为懂事和敏感

有天赋的孩子通常比较敏感。例如，妈妈现在不高兴了，爸爸在发怒呢等，他都能敏感地感觉到并会想办法安慰。一家人一起爬楼梯的时候，如果是妈妈抱着，走着走着，他就会对爸爸说：“爸爸抱孩子，妈妈累了。”

如果这些线索与你的孩子符合，那说明你的孩子真的存在着很大的天赋与潜能。那么，如何正确对待聪明孩子呢？

也许你的孩子具有上述多项特征，但也不应该过早地给孩子贴上“天资聪明”甚至“神童”这样的标签。孩子需要的是被关怀，而不是被归类。家长还要引导孩子善待和关心那些和他具有不同天分甚至天分不如他高的小朋友。

家长要为孩子提供一个能健康成长的环境。例如，要多和孩子说话、给孩子讲故事、陪孩子玩耍等，让孩子的身体、情感和智力等全方面得到发展，而不要单单关注孩子的某种特质。要让孩子知道，父母爱他并不是因为他是个聪明的孩子，而是因为他是爸妈的孩子，即使将来有一天他小的时候所表现出来的某种天赋越来越不明显甚至消失了，爸妈还是一样爱他。

不论你的孩子所表现出的天赋有多少，特质是什么，都是宝贵的，家长不应一味地从自己个人的偏见或喜好出发，认为某种天赋在另一种天赋之上，从而打击孩子或强行把孩子往自己设计的理想模式里套。

家长要及时鼓励孩子所表现出来的某方面的潜质。切记，鼓励是出于对孩子的爱和肯定，会让孩子感到开心，乐意有更好的表现。鼓励不是硬逼和惩罚，让孩子对家长产生畏惧和恼恨。

孩子的8个表现告诉你他有天赋

德国心理学家安格利卡·法斯说："小孩自愿做给自己带来乐趣的事情，实际上可能是提前发出他们有这方面天赋的信号。因此，如果父母仔细观察孩子，并发现他们有什么爱好，这是有益的。"父母通过仔细观察孩子潜在天赋的信号，就能发现孩子的天赋，并进行开发，使他们的潜在天赋得以发展。

只要对孩子进行仔细观察，不难发现和总结他们的天赋表现，以下具体介绍 8 个开赋表现。

1. 在做某一方面事情时，很投入、很痴迷、很兴奋、很欢喜，甚至有些忘我。

2. 在做某一方面事情时，能够很轻松完成，表现得游刃有余，往往令你很惊讶。

3. 孩子在某一方面的表现，与同龄小朋友相比，总是显得出类拔萃。

4. 孩子在做某一方面事情时，有自己独到的见解和看法，同时提出很独特的解决办法。

5. 孩子在做某一方面事情时，注意力特别集中，特别爱思考，爱问与众不同的问题；对某一方面不断提出问题的同时，自己能够利用现有的条件，寻找答案或者自己解答这些问题。

6. 老师及长辈们都认同孩子在某一方面的特长和表现，并喜欢用"天才"这样的字眼夸奖孩子。

7. 对某一项事表现出持久的兴趣并且从不厌倦，看起来更像是在享受这件事，并在这件事中不断提升自己。

8. 孩子在学习过程中，有自我过滤筛检能力，他们会吸收他们认为应该学的，对于不想学的，过滤过去。

事实上，由于孩子天赋结构多样性和差异性以及家长对天赋的认识不同，发现孩子天赋绝不是一个简单的事。有些孩子天赋显露得早，有些表现得晚，因此，对有天赋的孩子并不能一锤定音，更不能对孩子贴上某一方面无天赋的标签，这需要持久的观察和验证。

国内外多数研究天赋的教育家、心理学家认为：孩子不缺少天赋，缺少的是家长发现天赋的眼睛。每个孩子都有自己的天赋，关键在于能否表露出来；而更重要的是，表露出来后，家长能发现孩子的天赋，再给予挖掘、引导、保护、培养，这是对孩子最理想的教育。

有创造力的孩子更有天赋

家有捣蛋宝贝，总是让家长头疼不已，好像孩子对一切事物都很好奇，总是能想出一些新奇的点子来。其实，有这种表现的孩子往往更聪明一些，创造能力更强一些。

孩子都充满好奇心，他对周围新鲜的事物总是表现出浓厚的兴趣，喜欢“打破砂锅问到底”，不受固有思想的束缚，敢想、敢做。有时候，他会拆装家里的“高科技”，有时候也会提出一些“好笑”的问题。看似“顽皮”的言行举止，往往就是孩子想象力和创造力火花的闪现。

充满想象力和创造力的孩子常常会“招惹事端”，他们的奇思妙想可能会给你帮倒忙，比如把家里新买的东西拆得支离破碎，把厨房弄得一片狼藉……

孩子的创造力其实就来源于这些生活中的“捣乱”行为。这些行为不仅仅是他的一场娱乐，它标志着孩子能解决一些问题，能娱乐自己，并能用他奇妙独特的方式探索世界。我们无法预知我们的孩子在未来的道路上会面临什么样的挑战，但是有了想象力和创造力，他就能战胜一切困难。

一个有创造力的孩子常常表现出许多特征，也许你把这些特征当成了捣乱，也许这些特征会让你大发雷霆，也许这些表现会让你疑惑不解。现在，也许你会恍然大悟，原来这只是孩子创造力和想象力的表现。

有创造力的孩子总是对许多看起来与他毫不相干的事情有着浓厚的兴趣，他的兴趣很广泛，而且他所感兴趣的领域之间大多毫无关联。他可能因为想知道从这个院子的房顶上看出去是什么样子的，就爬上了房顶。这些不同寻常的兴趣，或许能促使孩子产生很多新奇的想法，发现不一样的东西。

有创造力的孩子喜欢追根究底。有时，你会被他的一连串“为什么”弄得手足无措，不知如何应答。别担心，有时孩子会在你的启发下，自己想出许多新奇的答案。

有创造力的孩子一般比较好动，即使在闲暇的时间也不放弃创造性活动，可能会在休息的时候，又完成了一个新的“作品”。

有创造力的孩子愿意冒险，家长总是觉得这些孩子很调皮，不让人省心，需要花费更多的精力去照看和预防他们出危险。为了能让自己轻松一点，我们常常非常强硬地规定这些孩子不许这样、不准那样，如果错了，就要被惩罚。但这种约束往往难以浇灭孩子强烈的好奇心，你一个不留神，他就偷偷地开始了一项危险行动。

有创造力的孩子具有很高的专注度，有时候我们觉得孩子不认真听我们说话，总是在我们面前显得心不在焉，其实他只是对我们所说的内容不感兴趣，他的注意力集中在另外一件他感兴趣的事物上。这件东西的吸引力能让他忘记饥饿、口渴，忘记疼痛。这恰恰是创造力使然。孩子不容易受外界影响，他的精神高度集中，注意力不易分散和转移，以至于不完成就不去做其他的事情，或者根本听不见别人说话，甚至忽略自己的身体感受。

有创造力的孩子常常不受一些传统看法的限制，他们会挑战权威思想，甚至有时会很激进地表达自己的不同意见，异常地顽强、固执、坚定地坚持自己的目标或观点。有创造力的孩子往往行事也比较独立，他们的自我意识很强，不太在意别人的看法。

有创造力的孩子具有敏锐的观察力，常能发现别人看不到的细节。他们还渴望把自己的发现告诉别人。

有创造力的孩子都有着丰富的想象力，他们常常赋予无生命的物体以生命、感情和意志。比如，他会幻想帽子可以变成飞碟，一转起来就可以飞上太空，也可以随时降落。这虽然看起来有点异想天开，但却是孩子对太空的一种遐想。

有创造力的孩子喜欢把自己的许多想法付诸实践。喜欢探究性地拆装东西，用实验检验自己的想法。比如拆开玩具按自己的意愿重新组装，把面粉加上颜料当成橡皮泥等。这也常常让家长觉得他们是在捣乱，孩子们也常会因为拆坏了玩具、家里的物品，或者把屋子弄得一团糟而受到惩罚。所以，家长要注意，只要孩子不是因为发泄情绪而毁坏东西，就先别忙着批评和惩罚，弄清楚背后的原因，才不会让孩子受委屈。

有创造力的孩子有时在绘画上表现不俗。他们喜欢按照自己的意愿自由绘画，孩子的绘画技术不一定好，却能表达出自己的思想。他会把很多看似不相关的东西画在一起，或者画出来的内容看似很荒唐，比如把小兔子画成绿色的，让汽车长上翅膀。这些都不是孩子随意乱画的，这反映了孩子的想法和内心世界。所以我们不能用画得对与不对、好与不好来评价孩子的画作，因为成人的思想已经被固化了，我们不能再用这种固化的思想去框住孩子，框住孩子的想象力和创造力。

教育家陶行知先生曾指出："处处是创造之地，天天是创造之时，人人是创造之人。"对于孩子来说，原先不会的现在会了，就是一种创造；别人没有想到的而孩子想到了，就是一种创造；在原先的基础上做得更好了，就是一种创造。

爱因斯坦曾说："我没有什么特别的才能，不过喜欢寻根刨底地追究问题罢了。"

父母如果能及时发现和保护孩子最原始的想象力和创造力，就能使孩子的创造性得以持续和发展，让他一生都能体会到创造的快乐。创造力对孩子的成长具有非常重要的作用。有创造力的孩子不为外界环境因素所限制，能坚持按照自己的想法，运用更有效的方法取得成就。而如果父母不给孩子展现自己的机会，这种可贵的创新精神就会被扼杀在萌芽状态中。孩子失去了创造的机会、条件和信心，最终会成为平庸、缺乏独立见解的人。

孩子天生就具有创造性，他的行为和做事方式是与众不同的，这种创造力应该得到鼓励和保护。所以，我们需要为孩子的奇思妙想进行一场保卫战，捍卫孩子的创造力，让他成为快乐的创造者和探索者。

4步骤发现孩子的运动天赋

第一步：观察孩子的体格。

孩子的身体条件是父母给予的，也只有父母最了解孩子的身体状况。父母可以观察孩子的体格，如果孩子确实是运动的好苗子，就不要轻易放弃这个机会。

现实生活中，不少从小练体育的孩子都出生于体育世家，从事体育是父母对他们的愿望。比如姚明的父母是篮球队员，姚明自身的身体条件也适合打篮球，在父母的悉心培养下成就了今日的辉煌。因为遗传和家庭环境的熏陶，来自这样家庭的孩子从事体育比较容易被理解。

第二步：了解孩子的兴趣。

专家认为，家庭教育对孩子的影响力很大，父母要及时了解孩子的兴趣，如果发现孩子对体育特别有兴趣，就应当适当培养，多给孩子进行体育锻炼的机会。如果孩子真的喜欢体育运动，可以利用假期给孩子报相关的兴趣班，在实际训练中发现孩子是否真正适合从事体育，再决定孩子将来的出路。

第三步：咨询体育老师。

许多家长可能平时不太留意发掘孩子的体育天赋，同时因为工作太忙，没有太多时间陪孩子运动，也就无从发现孩子的优势。如果是这样，不妨多与学校老师沟通，了解孩子在学校的行为表现。这不仅包括了解孩子的文化学习情况，也包括向体育老师了解孩子的体育锻炼状况。如果发现孩子的确有运动天赋，不妨多听听体育老师的意见，有机会就送孩子进修学习。

第四步：做专业的体育测评。

据了解，中国关心下一代工作委员会推出了一款名为《0 ~ 6岁多元智能测评系统》的软件，其中包括对孩子运动能力的测评。通过这个测评系统，可以从中发现孩子在体育方面的优势。若想参加这种测评，可以在孩子所在的幼儿园、少年宫、早教中心进行评测。

如何判断孩子有无练字天赋

天赋就是天生的禀赋，而对应的气质也极具天生性，多半来自遗传。硬要去改变一个人气质是极其困难的，甚至是愚蠢的。

一般来说，有练字天赋的孩子具备如下气质和表现。

一、孩子有良好的规律性

主要表现在生活上面，如吃喝、大小便、睡眠等有一定规律；表现在活动性上面，比如舞蹈不错、跳绳不错、拍球不错等。规律性好的孩子很容易抚养，但是往往难以接受生活习惯的突然改变。比如孩子第一次上幼儿园便显得很不适应，又如孩子突然从乡下搬进了城里住，很长的时间都不能适应。

其实，汉字的用笔是有极强的规律的。比如横竖笔画的书写节奏是顿，行笔，回收；撇捺的书写节奏是先行笔直下，然后笔尖离开纸面，往空中微微弯曲滑出。即便是千变万化的汉字结构，也是有很多规律可循的。比如左右结构中，左边和右边分别大概所占的比例，有些字是一样多的，有些字是左边多右边少，有些字是右边多左边少；同样上下结构的字，上下所占的比例也是有规律的。从上面举例可以看出，规律性好的孩子，可以在练字的过程中尽早地悟出并掌握这些规律。

二、孩子有良好的韧性

这样的孩子做事遇到了阻碍、困难时，可以自发地去克服这些障碍，尽管不一定能最终战胜困难，但是孩子有一种显而易见的韧性，而不草率行事。比如两个孩子画画，一个韧性好的能在开头和结尾表现出同一水平；另一个韧性不好的可能是开头画得好，越到后来就越敷衍了。

韧性好的孩子很多时候显得固执，甚至是任性。这种性格有时是遗传的，有时是大人娇惯成的。这里主要指遗传的，如果是遗传的，则孩子往往伴有韧性不错的特性。

汉字千变万化，要掌握汉字的大小、用笔、结构、快写，对于孩子来说是个苦差事。唯有韧性好的孩子能较好地完成任务。

三、孩子的注意力较集中

这样的孩子做事，尤其是在做较为复杂的事情时很专注，即便是对于自己不是很感兴趣的事情也表现出一定的专注。其实每个孩子在看自己喜欢的影视节目时都很专注，但那种事情太被动，太简单了，不足以检测出孩子的专注度。听课最能检验孩子的专注度了，有些课肯定很无聊，比如订正卷子、复习生字词等，孩子如果能不大开小差，就不错。

注意力集中的孩子往往会因为过于地专注忽视周围环境的变化。比如两个孩子同时在玩耍，注意力不好的孩子往往会根据周围环境（包括自然或人的环境）的改变不断转移注意力，注意力集中的孩子却不随便跟着别人转。注意力集中的孩子没有注意力不集中的孩子“大方”,勇于作出决定。

对汉字笔画的良好把握其实是很有难度的，讲解起来也有些复杂，尤其是涉及一些科学运笔的原理；汉字结构更是千变万化，讲解起来趣味性是有限的，如果是长时间的讲解，势必会单调并显得无聊；如果讲解过于简单，孩子又会云里雾里。注意力好的孩子往往可以把主要的知识点记住。

四、孩子的活动水平低

这样的孩子喜欢安静，每天的活动量不大。他们不喜欢打篮球或踢足球那样激烈的运动，踢毽子、跳橡皮筋或许还勉强可以。

这样的孩子往往做事较慢。特别反映在吃饭上面，有的孩子一顿甚至可以吃两个小时。这种慢不是“开小差”，而是细嚼慢咽。而且他们做事都很仔细，不慌不忙，比如花很长时间作一幅画。

汉字太复杂，练字往往需要同时把握好各种笔画的位置、长短、斜度。稍有分心，错误就显于纸面了。静不下心来是不行的，所以好静的孩子练字是很有优势的。

总的说来，画画不错和成绩不错的孩子大多都有练字的天赋。不过也有例外，比如有些孩子画儿画得好，说明其想象力或画面的丰富性不错，而不能代表他具有精细描绘的能力；又如有些孩子成绩好，却手眼协调性差，这也不符合练字天赋。

家长或老师对孩子练字的期望要有个客观的认识，在对待孩子的态度上，对孩子书写的要求上，拿捏适度，切不可拔苗助长。任何过度的教诲，都可能不利于孩子身心的发展。

怎样发现孩子的艺术天赋

孩子的艺术天赋首先表现在他们的兴趣之中。孩子对某一项艺术活动表现出强烈的、不可遏止的兴趣，很可能表明他具有这方面的天赋。

此外，应该在各种艺术活动中观察孩子的反应。有艺术天赋的孩子，对自己喜爱的艺术形式往往会表现出异乎寻常的热情和良好的素质。比如有的孩子在听音乐时，会出现明显的情绪反应，而且能过耳不忘，很快记住听过的音乐旋律，或者会随着音乐节拍作出有节奏的身体动作，或者唱歌时音调准确、音色优美、感情表达到位。这些都表明这个孩子具有良好的音乐天赋和素质。另一些孩子对形象的记忆特别清晰，画画时大小比例准确，运用色彩感人，表明他们观察力敏锐，对色彩、造型有较强的辨别能力，具有绘画的天赋。还有些孩子擅长讲故事，能生动、传神地把各种人物描述得惟妙惟肖，这表明这个孩子具有文学创作或表演方面的天赋。

所有这些表现都是有价值的，家长应及时发现，并有计划地加以培养，让孩子增强对生活的理解和对艺术的感受，掌握一定的艺术技巧，有机会的话，还可以让他们多参加一些社会交往和艺术交流。

每个女孩都是出色的小天使

每一个女孩都是一个出色的小天使，身上有着动人的闪光点，就看爸爸妈妈能不能细心观察，发现女孩身上的种种天赋和优势，并进一步加以挖掘。

事实上，因为女孩把世界看成一种关系，她们更倾向于关系式的生活方式。而女孩的天赋和优势也多围绕着关系展开——语言、社交、人际交流。

在这里，我们就女孩常见的天赋和优势列举一些共性。

女孩在触觉、痛觉方面很敏感，这个特点在婴儿时代就表现出来了。即使是最不敏感的女孩也比最敏感的男孩更敏感。

女孩的味觉、嗅觉也比男孩敏感；女孩有更多的味蕾，更容易受到气味的吸引。

女孩的视觉记忆更好，在黑暗中女孩比男孩看得更清楚。

女孩的听觉很敏感，“听”也是女孩得天独厚的心智能力，因此女孩对噪音的反应更强烈。同样的声音，女孩听起来要比男孩响亮两倍。而“听”的能力也让女孩在阅读上占得先机，当然这并不是全部。

女孩的语言能力比男孩好，这也是女孩很早就显示出的天赋之一。由于大脑结构的优势，女孩通常能比男孩更早、更生动、更流利地使用语言，使用更多的词汇，写作也更生动、细腻。

女孩的直觉更准确、更强烈。这是因为女孩擅长调动自己的听觉、视觉、触觉、味觉和嗅觉等，捕捉到那些微妙的、不容易被人发觉的信息，以及更为具体的细节，从而建立自己的直觉系统。

女孩善于把先天的能力应用到人际交流中。女孩喜欢交往，并注重发展亲密的友谊。女孩对身边的人感兴趣，从婴儿时期就表现出与人交流的倾向。女孩的人际交流得到了语言能力的有力支持。

在身体的发育上，女孩发展得快而均衡。学龄前的女孩就比同龄的男孩有更好的平衡能力。

当然，女孩的天赋和优势并不限于这些。每一个女孩都是一粒亟待发芽抽枝、开花结果的种子。也许她是一粒玫瑰花的种子，将来会绽放漂亮绚烂的玫瑰；也许她是一株小草的种子，将来会焕发出绿色的、勃勃的生机……

然而，有一点不容置疑：女孩都有着与众不同的天赋。要教好女孩，就要进一步发展女孩的天赋和优势。

前面提到美国哈佛大学教授加德纳把孩子们可能具有的天赋归结为八种智能，并指出，那些受到鼓励的孩子至少可能发展其中一种智能。这就告诉我们，不仅要发现女孩身上的闪光点，还要鼓励女孩，让她们把自己的天赋和优势发挥出来。

以语言智能为例，人们往往会把这种能力与“喋喋不休”相提并论。正因为人们不喜欢女性毫无顾忌地宣泄自己的情感，于是社会文化开始告诫女性要学会克制和忍让。然而，这就造就了另一些问题：女孩该不该发表自己的看法？她们应该怎样利用自己的语言优势？过度的克制会不会掩盖了女孩的真实意图，埋没了她们的这种天赋？

传统的文化一直宣扬女性用沉默来取悦他人，这样的要求是与女孩的天性背道而驰的。庆幸的是，我们的社会正给予女孩更多的话语权。或许，爸爸妈妈应该和女孩一起，尝试用什么方式可以说出自己的感受和体验、表达自己的观点。

在女孩的青春时期，爸爸妈妈更要注意这一点。在这个时期，以往活泼可爱、爱说爱笑的女孩会变得“沉默”，往往是因为她们的“话语权”受到了压制，自尊心受到了打击。爸爸妈妈要保护女孩的语言智能，鼓励女孩克服自卑的情绪，打消试图牺牲个性维持和谐的想法。

与语言智能不同，音乐智能则可能被过分地“拔高”，那些被父母逼着练钢琴、拉小提琴的女孩就是最好的例子。事实上，女孩的天赋因人而异，父母应当抱着平常心来发展女孩在音乐智能上的天赋，千万不要强求。

数理智能和视觉空间智能多半不是女孩的强项。

肢体运动智能和人际关系智能则为女孩的强项，或者说是女孩表现比较好的方面。以最简单的写字为例，当男孩还写不好方块字时，女孩已经充分表现出心灵手巧的潜能了。女孩很早就能用画笔按自己的意愿画出喜欢的小动物、小花、小草，有些女孩对传统的女工，比如织毛衣、针线活等情有独钟，有的女孩则天生有一双美丽、细长的小手，适合弹钢琴。要挖掘女孩的天赋，爸爸妈妈就要在这些方面下工夫，观察你们的女儿，发现她最独特的天赋和优势，才能为“培养女孩”作好最充分的准备。

而人际关系智能则充分说明，为什么女孩会如此看重关系，并且在人际关系中如鱼得水。人际智能不仅包括了解别人的能力，还包括洞察自身的能力，即“自省”的能力。它意味着女孩能倾听内心的声音并采取适当的措施。

当然，人际关系智能也不是女孩独有的，男孩也具有这种能力，只是社会文化把他们引导到自主性上。虽然人际关系智能不是女孩独有的，但这并不重要，既然女孩更倾向于关系式的生活方式，主流文化也对此表示认可和称赞，那么女孩就更容易开发并利用这种智能，让其更好地为自己和他人服务。

综上所述，女孩的天赋和优势集中在语言智能、肢体运动智能、人际关系智能上，在日常生活中表现为语言表达能力强、身体富有灵动感、喜欢写写画画、擅长做小手工、善于处理人际关系、擅长观察周围的人和物等。

第三辑　如何挖掘天赋

关注孩子天赋的外露

14岁女孩的父亲崔一鸣说："我的孩子从小爱好体育，腿长，跑得快。在一次活动中，被舞蹈老师看中。很快，她被吸收进学校舞蹈队，进行强化训练。上了几节形体训练课，她确实乐感比较强，动作也到位。但是，我和爱人工作忙，很少在家，根本顾不上孩子。怎样支持孩子'发展'呢？我们常从外面买些磁带、光盘，让孩子跟着跳，模仿着练。孩子练得很投入，有一次睡梦中也在练，结果从床上跌到床下。还有一次在家练踢腿，把衣橱上的镜子踢碎了，自己也受了伤，一瘸一拐的。孩子有点泄气，又怕我们说。我们知道后，鼓励她要经得起打击。这样，功夫不负有心人，前年，孩子参加南通市个人独舞大赛获一等奖。在另一次少儿文艺表演中，她在《京剧小传人》中担当领舞角色，结果节目又获一等奖。"

13岁女孩的母亲孙亚琴如是说："我的孩子钢琴已达八级水平，她演奏的贝多芬、莫扎特钢琴曲技巧十分娴熟，人们只是惊叹，其实并不知道孩子为此流过多少汗水。孩子小时候，我们发现她对音乐感兴趣，经过全家人的研究，决定让孩子练钢琴。当时买架钢琴要1万多元。我们省吃俭用，把钢琴买回来，接着是拜师。虽然孩子练琴手掌里要藏个鸡蛋，痛得哇哇叫，一坐半天，凳子上全潮了，但孩子终于坚持下来了。现在，孩子养成了‘点滴勤’的精神，她已不满足于启蒙老师的辅导，每周要到市里去一趟，接受专业老师的辅导，回来还要完成正常的作业。看到孩子‘不用加鞭自奋蹄’，我们体会到：培养任何才能，没有刻苦和持之以恒精神，那是很难成功的。”

有个孩子的爷爷是个京戏迷。孩子从小跟他爷爷在一起，不自觉地学着哼京戏，走路哼，上厕所哼，甚至上床也哼。他父亲对孩子往这方面发展并不反感，还经常夸奖他。因为他们家乡是全国有名的京剧之乡。文化站有个票友班，每个双休日孩子都去，在那里学唱念做打的功夫；学校里有京剧兴趣组，海绵垫上跌打滚爬他也挺感兴趣，膝盖破了皮，他从不叫苦。于是他家里人觉得这样可以培养孩子的个性和坚强的毅力。功夫不负有心人，孩子有一次参加市少儿艺术会演，获得一致好评。不久又参加省里“推新人”大赛，获得少儿“十优”称号。

天才和神童一直是人们关注的话题，通过中外神童的故事，我们发现，其实他们并不神秘，是大众误读了神童的故事。我们无法否认神童与资质有关，但是如果没有后天“别有用心”的栽培，没有孩子的勤奋和努力，神童的故事从何谈起？无可否认，有的神童确实看似“轻松”地攀登科学高峰，摘取了荣誉，但是他们背后的辛勤付出就鲜为人知了。

发掘孩子的潜能和天赋，首先是尊重孩子的意愿和发现孩子的个性和特长，然后创造条件来培养他们。

如何发掘孩子的天赋与才能

发掘孩子天赋的具体做法很多，概括起来主要有以下两种。

其一，要给孩子提供尝试多种领域的机会和条件。

不要以成人的眼光过早地把孩子定位在成人选择的某一领域，应给孩子提供在多种领域尝试的机会和条件。但在现实生活中，有些家长往往忽视或根本不了解自己孩子的智力特点，只是以自己的愿望，或是盲目攀比，认为其他孩子都学这个，我的孩子也不能落下，硬把孩子送进这个班那个班学习，而这也许恰恰是孩子的弱项领域，结果自然是家长和孩子都疲于应付。不但事倍功半，而且最重要的是，可能从此孩子的真正的天赋就被埋没掉了。

如果家长能给孩子多种尝试和选择的机会，孩子往往对他的优势领域感兴趣，有了兴趣自然就成功了一半。在优势领域的成功，能极大地提高孩子的自信心和学习热情，并把这种信心和热情迁移到其他领域，使其他领域也获得发展，从而达到事半功倍的效果。

其二，做父母的应细心观察和了解你的孩子。

作为家长，应拿出耐心认真地观察你的孩子，以了解他是什么样的人，有哪些特点、爱好、兴趣，有时候家长忙于指导孩子的选择，灌输自以为是的价值观和教导孩子自以为正确的行为，但是你了解站在你面前的真实个体的真正特征和需求吗？家长千万别以为孩子是自己的翻版，也千万别把自己未实现的愿望或理想强加在孩子身上，别忘了每个孩子都是一个独立的个体。

在给孩子提供多种领域尝试条件的同时，家长还应观察记录孩子的表现，以积极的态度，尽可能多地注意孩子积极的一面，记录他的优点和长处；在日常生活和游戏中，在不受干扰的情况下，观察孩子的表现，并记录下来，因为这时孩子往往会表现出真实的自我；从熟悉你孩子的人那里听取意见，有时他人才能认清你作为家长所无法看到的特点；向老师询问，老师可能看到孩子在父母面前并未表现出来的方面。有了这些细心的观察和了解，你一定会发现自己孩子的天赋与才能，然后加以挖掘培养，这样你和你的孩子的生活都会充满愉快的成就感。

所以，对孩子天赋才能的发掘与培养，并不是不要其他方面素质，相反，在某一领域拥有成就感更会促进孩子其他方面的发展，达到综合素质的提高。

不过，比发现孩子天赋更重要的，是挖掘和引导。常见一些家长牵强附会，自以为是，任意夸大孩子的特点，并沾沾自喜。其实《伤仲永》的故事大家都耳熟能详了。发现孩子的天赋并不难，难的是将天赋变成实实在在的能力。这里面，有几个要点值得重视。

首先，要抓住培养孩子的最佳年龄。科学家研究发现，孩子在各方面的发展都有一个最佳期，抓住了最佳期，就等于把握了良好的开端。

一般来说，3 岁是训练外语口语的最佳期，4 ~ 5 岁时训练书面语言最佳，5 岁则是掌握数字概念的最佳期，而 3 ~ 5 岁对于具有音乐才能的孩子来说，是音乐入门的好时机。重视最佳期，及时给予正确引导，往往能起到事半功倍的效果。

其次，家长应端正心态，挖掘孩子天赋最忌拔苗助长。一定要从孩子实际出发，根据孩子的年龄和心理特点提出切实可行的计划，并加以实施，循序渐进，持之以恒。

最后，培养孩子应该是全方位的。非智力因素，即现在常说的情商，也是促进天赋朝能力转化不可忽视的环节。有些家长一味重视开发孩子的智力，却忽视了非智力因素的培养。其实，非智力因素包括性格、情感、意志、品德等，这些对孩子的智力开发同样起着重要的作用。一个健全的孩子首先应该拥有健康的人格，其次才能谈到“天才”二字。显然，一个有着畸形心理的钢琴天才是不可取的。

做擅长的事＝挖掘天赋

一位父亲喜欢音乐，但小时候由于家里穷，没有机会去学琴，他一直引以为憾。为了圆他儿时的梦，他把希望寄托在女儿的身上。女儿5岁的时候，他牵着她的小手来到琴行拜师学艺。看着琳琅满目的乐器，女儿很兴奋，这里摸摸那里敲敲。当他问女儿愿意学什么乐器时，女儿毫不犹豫地选择了钢琴。

开始学琴了，女儿的小手指在黑白键上一步一步蹒跚学“走路”。尽管兴趣盎然，但女儿是个性格活跃的孩子，刚学了一会儿就坐不住了，小屁股在琴凳上磨来蹭去，一会儿喝水、一会儿上厕所……看着别的孩子都聚精会神地跟着老师练，他心头火起，又不好当着这么多人发作。这可苦了这位父亲，既要听老师讲课，又要记笔记，回家后再给女儿开“小灶”。

练琴是每天的必修课。刚开始因为课程简单，女儿学得还很起劲，一有时间就会自觉地坐到琴凳上聚精会神地练习。每天回家，在楼下就能听到“叮叮咚咚”的琴声，虽然很稚嫩，甚至会担心被邻居投诉成“噪音”，但是他还是很欣慰，毕竟女儿走出了学琴的第一步。

可是好景不长，随着乐曲难度的增加，女儿发现钢琴并不像她想象的那样能任其随意驾驭，就开始尝试着反抗了。先是能拖则拖，父亲不叫她练琴，她绝对不会主动打开琴盖的。无数次，他硬是把她手中的洋娃娃扔掉，把她从电视机旁拽走去练琴。然后是讨价还价，要求她每天练一小时，她只想练半小时；要求她练十遍，她只想练五遍。父亲不同意，她就开始哭哭啼啼。眼泪也不奏效的时候，她就敷衍父亲，心不在焉地弹琴，应付了事。这位父亲只好一刻不离地坐在旁边监督，女儿弹错一个音，就招来他一顿骂，一挨骂女儿就紧张，一紧张便频频弹错，这位父亲便恨不得一巴掌打过去。女儿的眸子里总是充满了恐惧，原本开朗活泼的她渐渐变得内向了，朋友少了，笑声少了……

看着家里一直战火连绵、硝烟弥漫，孩子的母亲说话了：“我看女儿在别的事上都很聪明，唯独弹琴没有天赋，何苦让她把时间耗进去呢？”一语惊醒梦中人，这位父亲冷静下来想想，既然女儿对学琴不感兴趣，又何必强求？在征得女儿同意的情况下，他们终于选择了放弃艰苦的学琴之路！

根据女儿的爱好，他们让她改学图画和朗诵。因为感兴趣，她学得很主动，进步也很快，不仅如此，还得了许多奖项；另外，她的写作水平也跟着朗诵水平在提高……

“事情往往就是这样，强迫孩子去学习，效果是根本不会好的。每当看到书房一隅静静躺着的钢琴，我一点也不后悔，因为它是对我的一个警示，还有就是，我把快乐幸福的童年还给了女儿！”那位父亲如是说。

在这个世界上，每个平凡的父母都希望自己的孩子能够成就一番不平凡的事业，即使孩子资质有限，达不到这一目标，那么退而求其次，家长也希望孩子的“一技之长”能够在社会上有“用武之地”，能够靠自己的能力赚钱吃饭、安身立命。然而，遗憾的是许多孩子长大后步入社会，从事那种自己不喜欢的职业，工作并不称心。

原因何在呢？国内某著名人力机构的调查显示：42%的毕业生因为找到了最擅长的职业，目前的工作业绩非常出色；其中，又有25%的人找到了擅长的领域，在职业发展上都取得了不错的成就。那些做着不适合自己的职业、不擅长的工作的人，既无法得到成就感和满足感，又无法在其领域成为顶尖人才，心里抑郁不说，自信心也在逐渐消失，到头来很可能会一事无成。由此可见，早一点发现孩子擅长做什么事、找到适合孩子的职业和兴趣所在，才是家长最该为孩子考虑的事情。

知道孩子该干什么、能干什么，无疑需要家长准确的判断力。想引导孩子赢在未来，不妨去体会那些成功者身上的共性：不论智商高低、从事何种行业、担任何种职务，他们其实都是在做着自己最擅长的事。

当12岁的温斯顿·丘吉尔步入“考试”这块陌生的“领地”时，很快就显露出无所适从。因为主考官热衷的科目，几乎都是丘吉尔最不喜欢的。本来丘吉尔在历史、诗歌和写作方面很有天赋，但是主考官却偏爱拉丁文、数学和化学。于是，丘吉尔失去了一展才华的舞台。对不擅长科目的生疏、无知使他遭到老师的嘲讽。结果，丘吉尔的学习成绩越来越差，他越来越厌恶学习，最后被老师视为“最顽劣的学生”。

好在哈罗公学的校长威尔登博士慧眼识才，他从丘吉尔平时的学习中，发现了他的特长，于是他鼓励丘吉尔进入哈罗公学读书。

丘吉尔的考试名次是整个学校的倒数第三（最后两名由于生病或其他原因休学），被分在哈罗公学低年级最差的一个班。当其他孩子继续学习拉丁文、希腊语时，丘吉尔依然被看做是“只懂英语的笨男孩”。成名后的丘吉尔曾经对此调侃地说：“在毕业的几年后，当那些曾因创作优美拉丁诗和辛辣讽刺诗而获奖的校友，还是不得不靠英语谋生或开拓事业的时候，我并没有感觉自己有任何缺陷。现在，我很自然地倾向孩子们都学习英语，然后较聪明的孩子学习拉丁语、希腊语，作为额外奖励。”

当时，丘吉尔的综合成绩在整个年级停滞不前，但他能一字不差地背诵麦考利的1200行史诗，并获得全校优胜奖。同时，丘吉尔也成功地通过了军队的初级考试。

鉴于儿子这方面的综合素质较高，丘吉尔的父亲伦道夫勋爵决定将他送到桑赫斯特皇家军事学院。不过他还是用一个小时与丘吉尔交谈，询问儿子是否真的愿意去军队。多年以后，丘吉尔仍能记得父亲当时所说的话：“经过这么多年的观察，我和你母亲仅仅得出了你不具备当律师的结论！说实话，我很怀疑你是否具有天才军事家的素质，但是去军校里磨炼确实能让你受益匪浅。孩子，你一直都是我的骄傲，但是以后的路怎么走都靠你自己了，选择喜欢的事情做下去，你一定可以成功的！”

在得到丘吉尔肯定的答复后，父亲将他送上了一条正确的成才之路。之后，丘吉尔成为战地记者，后从政，成为20世纪英国最伟大的首相，领导英军取得了“二战”的胜利！

有一句广告词说得好：“每个人都有自己的舞台。”这个舞台选择正确了，我们就可如鱼得水；选择错误了，就会感到阻力重重、处处掣肘。把丘吉尔放在拉丁语的舞台上，他自然会笑话百出；把他放在演讲台上，他就会光彩照人，成为万众瞩目的焦点，以至于奉献出《永不放弃》这样的名篇。如果不是父亲尊重丘吉尔的意愿，让他去做擅长的事，恐怕丘吉尔的一生都要被改写。

当孩子对于学校基础学科不感兴趣，却在某一非主流领域展现出过人的天赋时，作为家长，你就有必要考虑让他们走“适合自己的路”了。这种艺术特长的成长模式，过去叫做“曲线救国”，通常不被主流的教育观所接受。但是在当下，我们却要将其定义为“专业化成才之路”，如今社会最需要专业化的优秀人才，像姚明、丁俊晖这样通过“特殊方式”成才的例子比比皆是。优秀的父母要对孩子的特长有十足的把握，敢于“不走寻常路”，把孩子置于最擅长的位置上，以造就日后的成功。

我们熟知的杰出成功学大师戴尔·卡耐基，并不是一开始就当了作家，他的成才之路是经历了一番曲折的。卡耐基曾干过教师、演员和推销员等不同的工作，尽管他想努力做好工作，可总是以被“炒鱿鱼”而告终。身体上疲惫不堪、工作上没有兴趣，因为没有业绩而受到同事的嘲笑和上司的责骂，这一切令卡耐基心灰意冷，差一点对生活彻底绝望。正在这时，一位老先生及时点拨了他：“孩子，我觉得你并不适合做推销员的工作，你应该走适合自己的路。”卡耐基听完这句话，如同醍醐灌顶一般对老先生说：“先生，我想成为作家，那么可以去写作吗？”“如果写作很适合你，为什么不去尝试呢？”老先生严肃地说，“只要你觉得这是自己最擅长的事，那就可以去大胆尝试。孩子，祝你早日成为最著名的畅销书作家，成为下一个杰克·伦敦！”卡耐基深藏于心中的文学创作的热情，被老先生的几句激励的话所点燃。从此他放弃了那份注定不适合他的工作，投身于写作中，将自己的天赋发挥到极致，最终成为著名演讲家和成功学畅销作家。

我们很遗憾，是一个陌生人促使卡耐基走上了正确的成才之路，而并非他的父母。我们多希望每个父母在帮助孩子选择职业时，不单是为他找到一份能养活自己的工作，还能让他们从中发现自己的特长、激发潜能。希望家长在为孩子们考虑将来的职业时，不要一窝蜂地涌向最热门的行业。孩子一旦从事自己不感兴趣、特别不擅长的工作，就会走许多弯路甚至一事无成。

穿上一双不合脚的鞋子，即使看起来漂亮，走起路来也会不舒服，时间久了就很容易崴脚。也许，孩子的未来只是需要一双合适的鞋子，帮助他跑得更快、更远。在奋斗的路上，家长若能帮助孩子们看清自身的优势和特长，找到适合他奔跑的那双鞋、端上适合他的那碗饭，就算是许给孩子一个光明的未来了。

孩子的信念激励天赋的发挥

在生活中，常常见到有些父母用分数的高低来衡量孩子的才华。其实，在知识和能力的学习中，只要让孩子正确地认识自己，坚信“天生我材必有用”，并尽力把自身的潜力发挥到极限，所有的孩子都可以成为天才。只要孩子肯努力，有信心，努力克服各种困难，就能拥抱成功。

罗纳尔读中学的时候成绩很差，每次考试都在倒数第几名徘徊。老师一直说他无可救药，就连他自己也觉得这辈子不可能成功。因此，他一直很沮丧。

有一天，老师兴奋地宣布，著名的学者罗森·索索尔要来班上做实验。

罗森是研究人才学的专家，据说他有一种神奇的仪器，能预测出谁在未来会获得成功。班里的几个尖子生为此激动不已。

“这和我没有关系。”罗纳尔肯定地告诉自己，出门玩去了。

罗森·索索尔终于来了，他是个大胡子的中年人，和蔼可亲，但看不出有什么特别之处。令那几个尖子生失望的是，罗森·索索尔只是在班上转了几圈便没了踪影，甚至没机会认识哪个尖子生。罗森的几位助手为大家做了一次例行体检，除了体重计、血压计、听诊器之类也没有什么神秘的东西。体检和学校平日组织的没有任何两样，只是助手多和孩子们拉了几句家常，如住哪儿，父母是干什么的，希望将来干什么，等等。

也许罗森有特异功能吧？尖子生们安慰着自己。

一天，老师神秘地点了包括罗纳尔在内的五个同学的名字，请他们到办公室去一下。罗纳尔紧张得很，以为自己又要去挨训。但是，杰比也在场，他可是数一数二的尖子生。罗纳尔很纳闷，其余四人也莫名其妙。办公室里坐满了老师，还有久违了的罗森·索索尔以及他的助手们。“孩子们！”罗森和蔼可亲地说，“我仔细地研究了你们的档案、家庭以及现在的学习情况，我认为你们五个人将来会成大器的，好好努力吧！”

罗纳尔以为自己听错了，可是看看在场其他四人的表情，他知道这是真的。

从办公室出来后，罗纳尔的脚步轻松了许多：“原来我还有希望，罗森是这么说的，他的预测一向是准确的，我要好好努力！”

“罗森说我会成大器的。”罗纳尔一直这么激励自己。很快，他的成绩跃居班级前几名，当然被罗森点的其他几位同学也都名列前茅。

15年之后，罗纳尔顺利地取得了哈佛大学数学系的博士学位，在毕业典礼上，他见到了久违的罗森教授。罗森头发白了，但罗纳尔还是一眼就认出了这个他生命中最重要的人物。罗森竟然还记得罗纳尔，热烈地向罗纳尔表示祝贺。

“可是，”罗纳尔终于还是忍不住问了起来，“您是凭着哪一点确信我一定会成功的？当时连我自己都绝望了。”

“孩子，我给你看一样东西。”罗森请罗纳尔到自己的电脑室去，在那里，他调出了罗纳尔的全部资料，包括那次实验后的每次考试成绩记录以及就读的大学的情况。不仅有他的，也有其余四个人的……罗纳尔一点也不明白是怎么回事。

“那次实验到现在才结束，实验的题目是‘语言的激励作用对人的影响’，我们一直对你们五人进行跟踪测试，实验大获成功。实际上，我并不知道你们都会成功，但除了出了车祸而亡的丽达，你们都成功了。当年，我只是从花名册上随便勾出五个人名，在此之前我对你一点也不了解。这项实验表明，帮助孩子培养对自己能力的信心，更能发挥孩子的潜力，因为人类会被自己心中的信心所引导，小孩也不例外。”

·

罗森·索索尔的这个实验是心理学上著名的实验，它说明语言的暗示功能可以培养人的自信心。罗森教授通过暗示罗纳尔“将来一定会成大器”，激发了罗纳尔的潜力，让他从一个认为自己毫无希望的差等生，变成后来毕业于哈佛大学的数学博士。可见，让孩子相信自己的能力，可以帮助孩子树立学习的信心和决心，坚持刻苦努力并获得成功。

父母平常在教育孩子时，同样需要多使用鼓励、表扬的方法，培养孩子的自信心，千万不能用“你真笨”或“没救了”之类的话来打击孩子。当然，鼓励也不仅仅限于语言，鼓励的方式有很多，可以是一个赞赏的眼神，可以是拍拍肩、握握手，也可以是一个拥抱……无论采取哪一种，都会让父母看到鼓励所创造的奇迹。

每个人都有独特的创新思维，见人所不能见，想人所不能想。有些孩子在很多人看来，没有任何优秀之处，可是就在这种平淡无奇的后面，或许就潜藏着独特的天赋。

一个人的出身不能决定他的将来，一个人的天赋不能决定他的最终成功，一个人的起点不能决定他一生的发展。孩子在成长的过程中，需要父母给予充分的肯定和信任，激发他们不断追求、勇于进取的坚定信念。

牛顿在小学时成绩一团糟，还被老师和同学称为“呆子”，但他却发现了万有引力定律。达尔文上学时，所有的老师都认为他资质平庸，与聪明不沾边，但他一摸到植物就灵光焕发，最后成为进化论的奠基人。爱因斯坦被老师评价为反应迟钝，满脑子不切实际的幻想，甚至遭到退学，但他却成为现代物理学的开创者和奠基人，在他死后，很多科学家还在研究他的大脑与常人的不同之处。爱迪生 8 岁时才上学，被老师当做反应迟钝的学生，屡次被斥为“糊涂虫”、“低能儿”，但他却成为世界上最著名的发明大王，为人类的文明和进步作出了巨大的贡献。

由此可见，一个人的成功绝非单一的智力可以决定的。只要父母根据孩子的追求和梦想，因材施教，激发出孩子的潜能，就可以让孩子找到人生的定位。

执著的孩子更容易挖掘出天赋

现在一提起“执著”，我们很自然就会想起两个“一根筋”的人物：阿甘和许三多。阿甘是奥斯卡经典电影《阿甘正传》中的男主角，他本是一个先天弱智的人，却凭借不懈的努力获得了巨大的成功。而许三多是 2007 年国内最火的电视剧《士兵突击》中的男主人公。他由一个相貌平庸、头脑不够聪明的农家子弟，成长为优秀士兵。

很多人都认为，许三多就是“中国的阿甘”，他在家人、战友的帮助和教导下，学会了用心去把握生命中的每一次机会——无论是平常擦车、训练之类的“小事”，还是像实战演习那样重要的大事，他都能专心做好。正是凭借这种专注，许三多从一个“不合格”的农民兵成长为训练有素的突击战士，超越了平凡，成就了不凡的人生。

电影中的阿甘，也是因为那份特有的善良和执著，才能从一个智商只有75的“白痴”成为美国人眼中的传奇英雄。与阿甘相比，许三多的成长更值得每个中国家长借鉴。其实，无论是对待天资平平、表现木讷的孩子，还是头脑聪明、天赋过人的孩子，家长们都应该从小培养他们的执著精神，因为这种宝贵的品质，无疑是成就大事不可缺少的品质。换言之，执著可以“培养”天赋。

武侠小说《射雕英雄传》的主人公郭靖，是一个在蒙古草原长大的瘦弱小伙子，他既没有过人的练武资质，又没有显赫的家庭出身，却幸运地得到“江南七怪”、“全真七子”的指点，最后拜“九指神丐”洪七公为师，得到“降龙十八掌”的真传，而后赢得华山论剑，成为武功盖世、仁义无双的襄阳郭大侠。也许有人会说“傻人有傻福”，然而仔细想想，郭靖的成功只是得益于运气吗？他练功时的专心致志、心无旁骛，他的执著与韧劲，无一不是他获得成功的保障。

台湾著名作家古龙的笔下也不乏与郭靖类似的人物，比如“跛子”傅红雪。傅红雪虽然脑子不笨，但是他做事专注是出了名的。这位“边城浪子”，在黑暗中无数次拔刀，千百次重复着同样的动作，为的是提高自己的技艺。他知道自己要超过对手，必须有快过对手十倍甚至百倍的速度，在交锋时才有必胜的把握。

无论一个人的天赋如何，做任何事都要执著，这样才能激发内在的潜力，造就超乎常人的不平凡能力。也许，执著本身就包含着运气的成分，它能提高一个人成功的概率，让他更快地接近不平凡的目标。正如“功夫之王”李小龙独创的“截拳道”的秘诀：“想超乎常人，唯有随时准备把最艰苦、最乏味的训练做到最大乐趣。越是乐意接受此等‘折磨’，则其成功之可能就越大。”这番近乎残酷的话，在客观上印证了一个不争的事实，也就是老话所说的“要想人前显贵，就得背后受罪”。没有执著的付出，自然就没有好运气的回报。武侠世界中的强者是这样，他们执著于某项修炼，忍常人所不能忍，因此具备了常人所没有的功力；现实生活中，家长教育孩子，更应该如此。把“执著”的品质铭刻在孩子脑海里，落实到行动中，把每一件事都努力做到自己能力之内的最好。经常这样想、这样做，你的孩子才能在未来有所作为！

同样的道理，对于孩子来说，在未来某个岗位上从事某种工作，一定要有一心扎进去的劲头，真正深入其中去获得专业的知识和经验，用心发现规律、找到窍门，把看似平凡的工作，做到不凡的程度，只有这样，才有可能成功！

家长要提醒孩子：别再抱着要“小聪明”和侥幸的心理，以为自己随便做出个东西就可以出类拔萃，或许你可以凭运气糊弄一时，但“纸终究包不住火”，做事不专心的人必将事后麻烦不断，爱耍小聪明的人终将丢掉自己的饭碗！

有时候，“笨”并不可怕，可怕的是没有执著进步的精神。专注又执著，可以挖掘出你想象不到的天赋。相反，任何一个具有天赋的天才，如果没有执著与坚持，那么他的天赋终将消失得无影无踪。

赞扬是挖掘孩子天赋最有效的手段

现在我们的父母对孩子说得最多的话就是“怎么会连这个都不懂？”，“简直就是笨蛋嘛！”，“多用一下大脑好不好！”，“看看人家的孩子”。这些都是父母挂在嘴边上的话，他们只管信口说出来，却不知道他们这些话有多伤孩子的心，对孩子的打击有多大！

对于中国大多数孩子来说，他们缺少的不是批评，而是赞扬。在学校里，作业做错了，回答不上来问题，课堂上大声说话，都会被老师批评；在家里，看电视时间长了，考试成绩差了，会被家长训斥。在孩子童年的记忆里，令他们记忆深刻的不是家长的批评，因为家长的批评像吃饭一样，他们已经习以为常了，他们最难忘的是那些夸奖和赞扬。

上海的教育专家在黄浦区、长宁区、闸北区的21所学校开展了一项题为“你觉得自己是不是好孩子”的调查，结果显示，竟然有90%以上的孩子认为自己不是好孩子。

一位特殊教育学院教授指出，现在的孩子虽然吃得好、穿得好，但从得到的认同和赞赏来看，他们是“贫困”的一代。

调查表明，孩子进入小学阶段后，大部分父母对孩子的表扬越来越少了。

进入小学以后，家长赏识孩子往往只有一个目标——分数，生活中的所有一切都与分数联系起来。比如，考第一的孩子在父母眼里就该永远是第一，可第一名只有一个，于是对大多数孩子来说，一旦落到第二名或之后，便被认为是失败者。

我们做父母的，对孩子常常有一种恨铁不成钢的态度，用“鸡蛋里挑骨头”的眼光寻找孩子身上的问题。为了让孩子聪明，就说孩子太笨；为了让孩子动作麻利，就说孩子动作迟缓；为了让孩子认真，就说孩子粗心。孩子在这种歧视环境里，就会产生自卑感，觉得自己什么都不行，遇事就会退缩，甚至畏惧。性格要强的孩子可能产生逆反心理，甚至对父母产生仇视意识。

有一个小男孩，从小很喜欢弹钢琴，也有一定的天赋。父母就让他学弹琴，省吃俭用给他买了一架钢琴。但他们对孩子期望太高，孩子没有了一点自由，放学回来就让他学弹琴，稍一出错，就换来一通责骂，甚至体罚，孩子的耳边整天充斥着的都是“真笨”、“又错了”“你怎么不长记性”之类的话语。孩子在这种刺激下，对弹琴慢慢失去了兴趣，他觉得钢琴剥夺了他的自由，让他变成了一个笨孩子，因此对钢琴产生了仇恨意识，而且这种意识与日俱增。终于有一天，他再不想听到钢琴的声音了，他觉得自己再弹下去，精神就要崩溃了，于是他举起一把铁锤，把钢琴砸烂了。

心理学家威廉·詹姆斯说过：人性最深切的渴望就是获得他人的赞赏，这是人类之所以有别于动物的地方。

台湾著名作家三毛在一篇名为《一生的战役》的散文里，说自己一生的悲哀“并不是要赚得全世界，而是要请你欣赏我”。这个“你”，是她的父亲。

有一天，父亲读了三毛的一篇文章，给她留了一张纸条：“深为感动，深为有这样一枝小草而骄傲。”三毛看到后，竟感动得热泪盈眶。三毛《一生的战役》里这样写道：“等你这一句话，等了一生一世，只等你——我的父亲，亲口说出来，肯定了我在这个家庭里一辈子消除不掉的自卑和心虚……”

孩子内心有着强烈的受赞欲，再差的孩子内心都有成为好孩子的欲望。表扬一个学生坐得好，比你批评一个孩子没坐姿更有效果。可能某个孩子因为你赞扬他“真自信”，而变得发言更积极，更大胆。可见，鼓励比批评更能激励孩子进步。

莎士比亚说：“赞美是照在人心灵上的阳光，没有阳光，我们就无法成长。”

有一位很有名的博士生导师，在读小学的时候，是个非常顽劣的孩子，在学校和家中整天上蹿下跳，搞得父母和同学不得安宁，老师和父母都认为这个孩子没救了。他自己也因为经常遭到老师和父母的批评而感到非常自卑。

一天，在上班会课的时候，班主任当着全班同学夸奖了他，说他的顽皮或恶作剧都有独创之处。能够做出这种恶作剧的孩子，大脑是很聪明的，而且有一定的创造天赋，所以他的功课不可能像现在这样差。这样的同学不需要老师监督，只需要自己改变一下习惯，马上就会迎头赶上。老师这么一夸奖，他对自己就有了自信心。从此以后，便努力用功，成绩一天比一天好，连那位夸奖他的老师都感到惊讶不已。

就是这位调皮的学生在30多岁就成了博士生导师，并且在科学研究上取得了令人瞩目的成就。

清朝教育家颜元说：“数子十过，不如奖子一长；数过不改也徒伤情，奖长易劝也且全思。”就是说，对待教育孩子，批评十次不如去表扬一次。对孩子批评多了，孩子不一定去改正，而且会挫伤他的感情；还是夸奖的办法最好，不但容易让孩子接受，还可以让孩子进行思考。

开始学走路，没有不摔跤的。摔了跤，适当的夸奖和表扬，就会给孩子带来勇气和信心，而没完没了的批评和责怪，就会让他变得不知所措。

有的家长认为孩子整天惹自己生气，哪里有什么优点，更何谈天赋？如果拿别人孩子的优点来衡量自己孩子，那自己的孩子可能全是缺点，找不到什么值得夸奖的地方。其实，这样的家长对孩子并不了解，任何孩子都有自己的优点。看不到孩子的优点，是因为没有对孩子进行很好的了解，仔细观察一下孩子，会发现他的优点多得让人惊讶。

也有的家长认为孩子的优点夸不得。所谓“成绩不说跑不掉，缺点不说不得了”。一位家长曾坦言：“小孩要多表扬，可是表扬多了他就要‘翘尾巴’。小孩子都是刘阿斗，不能捧的！”所以即使孩子有了成绩，做了好事，他们虽然心里高兴，却不肯表现出来，还不断地打击孩子的积极性，挫伤孩子的自信心，对孩子提出更高的要求。这显然是一种错误做法。

有一位哲学家在谈到夸奖对孩子的作用时，这样说：“当你有了天才的感觉，你就会成为天才。当你有了英雄的感觉，你就会成为英雄。”说的正是这个道理。

一位热爱音乐的青年，在音乐创作的道路上摸索了许多年，进步却很小。他经常怀疑自己是否有音乐天赋，对未来前途感到十分迷茫。为此，他去拜访柏辽兹，希望这位大作曲家指点迷津。

青年人演奏了一首自己创作的曲子后，诚恳地问：“柏辽兹先生，您认为我适合从事音乐创作吗？”

柏辽兹听得出来，青年人的演奏虽然很熟练，但缺少某种灵感。一个学过多年音乐创作的人，仅仅达到这个水准，可不是缺少天赋吗？因此，柏辽兹坦率地说：“年轻人，我毫不隐瞒地对你说，你根本没有音乐才能。我之所以痛快地对你下结论，是为了让你趁早放弃，另寻出路，免得浪费青春。”

青年人一听，此言正好证实了自己的疑惑。他大失所望，带着羞愧不安的心理向柏辽兹告辞，然后低着头，走了出去。

柏辽兹的话刚说出口，便感到懊悔：这对青年人的自尊心和自信心是一个多么大的打击呀！再说，他那番话未免太绝对了，一个人的天赋有欠缺，可以用勤奋弥补，即使达不到极高的境界，也会有出息的，为什么要叫人家放弃呢？因此，他决定采取补救措施，挽回青年人的自信心。

柏辽兹打开窗户，看见那个青年人正垂头丧气地走在街道上。他从窗口探出头，叫住青年人说：“我不改变刚才对你的评论。但是，我有必要补充一句：大师们当年对我也是这么说的。记住，你和我当年一模一样，是的，一模一样。”

青年人闻听此言，顿时精神大振，重新树起了信心。多年后，经过刻苦努力，他终于成为一个知名的作曲家。

这个故事告诉我们，千万不要用否定的语言打击别人、伤害别人的自信心；而应用赞美的语言、鼓励的语言，激起别人的勇气和力量。要知道，一句过激的话，可能会抹杀了对方的积极性，甚至影响他的一生。常见许多学生在一起打闹，彼此说出一些贬低对方的话，虽然是开玩笑的话，也会无形中增加对方的自卑感。

自信心强的人，对自己的能力充满信心，相信自己存在的价值，相信自己获得成功的能力，认为自己是受欢迎的人，因此往往敢说敢干，易于实现自己的愿望。自信心的强弱对一个人的事业和生活都有重要的影响，而且会影响到其他心理素质的发展。从家庭教育的角度来说，渴望赏识与关注是每一个孩子的心理需求。孩子只有得到赏识，才能拥有自信，拥有了自信，才有利于激发孩子潜在能量的发挥。让每个孩子都不断获得成功，不断积累成功的经验，对孩子自信心的建立和心理健康的发展有着重要意义。

挖掘孩子天赋才能的方法

5岁的妞妞喜欢背九九表，而且背得很溜。父母喜出望外，期待她在数学方面有特殊的天分。但是当幼儿园的考试成绩出来后，他们感到很失望——只不过是平均水平。原来外婆经常带孩子背乘法口诀表，孩子喜欢上了这种自言自语的游戏，一再重复，就记得很牢。死记硬背只是掌握计算所必需的一种亚技巧，孩子并没有真正懂得用数字来匹配物体的数量。这种记忆只是暂时的，如果一段时间不强化，孩子会很快忘记。这并不是妞妞真正的潜能的表现。

每个孩子与生俱来都拥有一个神秘的宝藏，这就是天赋的才能，即使是弱智儿童也不例外。挖掘孩子的潜能，就等于为孩子打开了一扇窗。但这并不容易。

潜能的挖掘并不意味着要花巨资给孩子报各种各样的辅导班，或者带孩子奔走于各种各样的比赛，去收获奖杯和奖状。重要的是，在日常生活中仔细观察孩子，譬如有的孩子能弹一些简单的曲子，而这全是他凭耳朵听来的，而不是刻意教会的，这说明孩子的听觉特别敏感；又如有的孩子很会讲故事，词汇很丰富，有时还能自己编一些小故事，很有创造性……对于孩子身上这些无意中被发现的才能，父母可借助专业人士的评估，了解孩子的实际发展水平，以正确地找到他喜欢什么擅长什么，从而创造条件加以鼓励，并保持这些特长的发展。

一般来说，挖掘孩子的潜能有三种方法家长可以借鉴。

一、给孩子提供机会

在家中的一个房间，或是一个角落，放上各种乐器、画板、彩笔、纸张等，先不需要昂贵的配置，可以用空的牛奶瓶做一套敲击乐器，或是用废报纸来涂各种颜色……让孩子先去尝试，孩子的兴趣模式和其特长就会逐渐显现出来。

提示：让孩子安全地自由活动，锻炼技巧和才能。在有天分的“小艺术家”手下，废纸、瓶盖、包装纸，甚至旧的电话黄页都会成为不错的原料。

二、让孩子学着欣赏

经常带孩子观看电影、舞台剧，欣赏音乐会，或是参观画展、博物馆、科技馆等，让孩子通过对艺术品的感受、想象、体验、理解和鉴别等一系列视觉思维活动，开阔视野，扩大认知领域，提高艺术素养和审美能力。

提示：如果孩子的潜能一直处于休眠状态，那是非常可惜的一件事。人类关系学家认为，如果6岁前，孩子的潜能被发现并得到培养，那么他未来更容易突破平庸，从而得到更多的自我满足。而欣赏、评论别人独特才能的过程也是挖掘潜能的方法之一。

三、让孩子享受学习

在家中把孩子的作品摆放在最显眼的地方。从具体的艺术作品到积分卡上的评分，家长都要表现出对孩子学习成果的重视。

此外，在孩子参与或学习某个项目时，父母要注意与孩子进行沟通，问问孩子，还想不想学，喜欢不喜欢学，为什么讨厌，讨厌什么……不要低估一个学龄前孩子的感受，因为只有激发了孩子的兴趣，其潜能才能显现出来，并要尽可能多地找机会表扬孩子的特长。

提示：父母只有在孩子的行为的确值得肯定时才予以赞赏，否则反而会降低孩子对自己的期待。

重视孩子的好奇心

心理学家将好奇心定义为：个体对新异刺激的探究反应。对新鲜的事物和现象，人有着去了解和探索的本能。对于初涉人世的孩子来说，身边的世界是那么陌生、新鲜和神秘，他的心灵中充满了探索、求知的欲望。这宝贵的好奇心正是他智慧的火种，更是促使他学习的原动力。研究证明，一个富有好奇心的人能够保持旺盛的求知欲，在获得知识的过程中体验乐趣，而这种乐趣又会激励他不知疲倦地去探究未知的领域，促进其智力的发展。好奇心就像是性能优秀的赛车引擎，保证赛车勇往直前，在激烈的竞争中遥遥领先。

然而随着年龄的增长，人的好奇心在慢慢消退，人们开始对周围的事物漠不关心，没有了探索和求知的兴趣。对于孩子的“淘气”成人不能理解，一般都会以为他是在故意作对或者不懂事，于是或严厉斥责，或置之不理。其实，孩子正是通过他的淘气行为探索、检验自己的一些异想天开的想法呢！这些想法和行为就是孩子好奇心的表现。而大人的粗暴、忽视、干涉和误解会在很大程度上伤害孩子，长此以往，有可能使孩子失去探索周围事物的兴趣和强烈的求知欲望，变得麻木不仁。这样的结果是为人父母者和为人师者都不愿意看到的，也是违背我们教育孩子的初衷的。

一、善待幼儿的好奇心

首先要正视孩子的“破坏行为”。爱迪生小时候是个十分淘气的孩子。有一天，他对青草不会燃烧，而枯草却可以燃烧感到奇怪，于是自己跑到仓库里，用火点燃了干草堆，实地试验一下，不料却酿成了火灾，把父亲囤积的草料付之一炬。生活中孩子们的破坏行为也很多，拆、毁物品，屡见不鲜。

其实在大多数情况下，孩子的这种行为正是他好奇心的表现。把玩具汽车拆开是因为他想知道汽车里面是什么样的，是什么使汽车转动，如果把轱辘下来，汽车会怎样。孩子的头脑中充满了新奇的念头，于是他会毫不犹豫地付诸行动。因此家长不能轻率地将孩子的某些违规行为定性为“破坏”，而应该真诚地相信每个孩子都怀有良好的愿望。同时设法了解孩子行为背后的真正原因，看到他真实的需求和动机。在肯定和鼓励孩子探索行为的基础上讲清道理，给他提供问题的答案，满足他的好奇心。如果条件允许，也可以多提供一些廉价、安全的玩具，让孩子尽情地探究和摆弄。

二、满足孩子的收集欲望

为什么在大人眼里平淡无奇，甚至是“破烂”的东西，却是孩子心中的宝贝呢？其实孩子收集“破烂”的行为，表现出他对大自然中的事物充满了好奇心。在孩子的眼里，一颗普通的小石子就是一粒闪光的宝石，一片干枯的树叶也是美丽无比的神奇树叶，如果家长轻率地将这些看来毫无价值的东西扔掉，就有可能扼杀孩子的好奇心。何不因势利导，充分发挥这些“宝贝”的价值呢？以下做法供你参考。

其一，和孩子一起制作收集册。挑选一本厚重的册子，和孩子一起将捡来的树叶、花朵等固定在册子上，并帮助孩子写出名称或者捡拾的地点。如果孩子感兴趣，还可以引导他去了解树叶、花朵的名称，比较其异同点。日积月累，孩子在无形中丰富和扩展了自然知识。

其二，建立一个小型的展览中心。如果条件允许，可以利用窗台、架子或者开辟出房间的一个角落，专门存放孩子收集来的各样东西。和孩子一起分门别类地将收集品摆放起来，并用标签加以说明。

其三，和孩子一起玩创意游戏。把捡来的石子洗刷干净，按照大小、颜色、形状分类，或是用画笔在石头上任意涂抹，画出孩子心目中最美丽的石头图案。找一张白纸，把孩子收集的树叶贴在纸上，做成简单的树叶标本，或者任意组合成不同的图案。在这样玩玩做做中，孩子会学到关于石头和树叶的很多知识，更为重要的是，他的好奇心和求知欲会愈加旺盛，从而促进其智力的发展。

三、积极回应孩子的问题

“螃蟹为什么会横着爬?”“太阳怎么不掉下来呢?”……随着孩子年龄的增长,语言表达能力的增强,他和成人的对话中增加了许多的问号。“是什么”、“为什么”、“会怎样”等类似的问题五花八门，大有“打破砂锅问到底”的劲头，搞得家长很头疼。其实这种追根究底的精神，正是智力教育的精髓。家长应给予支持和引导。

其一，注意倾听，做忠实的听众。倾听是对孩子好奇心的最好支持。孩子问问题的时候，成人采取不理睬、厌烦甚至嘲笑的态度是错误的。一些研究表明，正是由于大人的态度使孩子感到沮丧，从而放弃了对问题的提问，孩子的好奇心才随着年龄的增长而渐渐泯灭了。因此，切忌说“你怎么这么烦呢”，“你没看我正忙着吗，一边玩去”，“你真傻”等伤害孩子自尊心的话语。孩子提问题的时候，你应该放下手头的事情，做出注意倾听孩子说话的姿态，弯下腰，目光注视孩子，用点头和微笑鼓励他，并且用语言表达对问题的兴趣，如:“这个问题很有意思”，“哦！是吗”，等等。

其二，正确解答。有人说孩子的问题是世界上最难解答的问题，因此如何解答孩子的提问也要讲究一些技巧。

如果你知道问题的答案，当然可以直接告诉他。孩子的问题千奇百怪，家长也不是百科全书，当然不可能事事都知道。这也没关系，你应如实地告诉孩子：这个问题，我也不太清楚，让我查一查书再来告诉你。对于年龄稍大的孩子，家长可以和他一起来查百科全书，或者请教他人，甚至从网络中寻找答案。这样使孩子从小了解到知识的海洋是广阔无边的，需要不断地学习和获得新的信息，而获得信息的方式则是多种多样的，既可以通过书本，也可以通过他人或网络。

其三，启发孩子思考，鼓励他自己寻找问题的答案。当孩子渐渐长大有了一定的知识经验后，对于他的一些问题家长不必急着将答案告诉他，可以启发引导他自己去观察思考，找到问题的答案。

要注意的是对孩子的问题不能敷衍了事，特别不宜把一些荒诞的、不科学的内容灌输给孩子，以免他形成对事物的错误认识。

别让爱扼杀孩子探索求知的欲望

探索力是孩子智慧的泉源，也是促进潜能发展的原动力，是将来孩子卓越发展的基础。探索力可以使“死”的知识变得有用，也可以使孩子更聪明。智力受先天的影响较大，而探索力可借后天的训练加以激发。但是在现实生活中很多的父母都“保护”着他们的心肝宝贝，不让他们碰这碰那，生怕他们受伤。父母并不知道这种“保护”也是伤害孩子的行为。

孩子的每一次“亲身尝试”都会有收获。孩子每次去探索的东西，都是他们眼下最感兴趣的东西。从实践中认识感兴趣的东西，对孩子来说是件很愉快的事情，即便遇到些困难，他们也不会在意，会自己想办法去克服。在这种过程中自信心和能力得到加强，更重要的是他学会了“自娱自乐”。

如果孩子一遇到困难，家长就上前干涉，替孩子解决，久而久之，孩子就会变得越来越依赖家长，面对挫折条件反射地要找妈妈。孩子也学不会“自娱自乐”，无法自己给自己强化、自己给自己称赞，即便做成了什么事情，一定要别人称赞才能得到快乐。加上因为家长的过度保护，缺乏探索经历的孩子无法获得成就感，自信心也无从建立。

当这些缺乏自信的孩子要上幼儿园时，状况就出现了。离开家长保护的他们，面对一个全新的世界，无所适从，无法适应，一切显得困难重重。缺乏必要的探索实践能力的孩子可能会处处碰壁，大量的不良体验带给他们很多痛苦。也许，这时候爸妈觉得应该狠下心来，坚持把孩子送到幼儿园，但这个适应过程对这些孩子来说是非常艰难的，在以后人生的发展中，也容易将新环境与痛苦画上等号，而不认为新环境是一个可以获得更多经验和自信的新奇有趣的地方。

在婴儿时期，孩子的学习兴趣和能力是很强的，他对外界的探索关系到他以后的人生发展。孩子在每一次探索中，学习经验、强化自己，在这个过程中他是十分快乐的。爸妈与其事事为孩子代劳、加以限制、过分保护，不如创造一个安全的居家环境，适当看护、引导，积极鼓励孩子每一次的探索活动，让他们自己获得经验，积累能力。

这一时期，孩子的很多“为什么”并不是真的追究背后的道理，而是为了从家长那里得到一个说法。孩子的很多问题也不是每一个家长都能够解答的，而且，即便是家长能给出科学的解释，孩子也未必就能理解。这一时期的孩子会对世界万象有很多基于自己经验的解释，因此，换一种思路，让孩子说出自己的思考和解释，鼓励孩子自己进行想象，这比给出一个科学的答案更重要。比如当孩子问“太阳为什么会下山”时，你可以充分发挥想象力告诉孩子一个故事般的答案，如“妈妈要上班下班，太阳公公也要上班下班”或“太阳公公瞌睡了，要回去睡觉了”，“月亮婆婆要出来了，所以太阳公公要先走”等，并鼓励孩子说说他是怎么想的，而没有必要去解释地球的公转和自转的科学道理。

只有靠孩子自己不断地探索他们才会变得更加聪明。

正确引导孩子的创造天赋

陶行知是我国著名的教育家。在他小时候，一次把母亲刚买回家的金表给弄坏了。母亲看到孩子搞破坏，就狠狠地揍了陶行知一顿，并把这件事告诉了他的老师。陶行知的老师听了这件事幽默地说："恐怕一个中国的爱迪生被你枪毙了。"陶行知的母亲很不理解，老师对她分析说："孩子的这种行为是创造力的一种表现，你不该打孩子，要解放孩子的双手，让他从小就有动手的机会。"后来，老师给母亲找到了一个补救的方法，让母亲和孩子一起把金表送到钟表铺，让孩子站在修表匠的身边，亲自看一看金表的内部结构，修表匠是怎么把金表修理好的。这件事让陶行知先生终生难忘。

在对孩子的教育中有人倡导"无错"原则，认为孩子是没有过错的，不应该一味批评。同时也有人认为，孩子的创造力往往表现在错误和破坏之中，孩子"惹了祸"，父母应该高兴才对。毋庸置疑，教育孩子条条框框太多有很多弊病。"无错"原则有一定的道理，但家长正确及时的引导也是必不可少的。

桐桐很想自己制作一副太阳镜。这天，爸爸帮他准备了很多材料，妈妈在桌子上为他摆了一个太阳镜供他参考。折，画，装饰。每一个步骤，桐桐都完成得很好。只是在剪工上出了一些问题，光滑的眼镜边被他剪得参差不齐。爸爸指着他的作品嘲笑起来，桐桐显得很不开心。妈妈正想过去帮他，只见桐桐歪着脑袋略微想了一下，随即将眼镜拿起，非常投入地将眼镜边剪成了锯齿状，原本规规矩矩的作品让他搞得面目全非。一会儿工夫，桐桐美滋滋地走过来对妈妈说："妈妈，你快看，我做了一个太阳眼镜。"妈妈仔细一看，他做的眼镜果真像太阳，红红的装饰色，锯齿状的光芒，整个作品独具特色，颇有些出乎妈妈的意料。妈妈拍拍他的小脑袋说："桐桐真聪明，你做了一副最好、最棒的小眼镜。"第二天，妈妈和桐桐把他的"眼镜"带到了幼儿园。老师评价说，在孩子们参照模型板制作太阳镜的活动中，桐桐是第一个打破常规模式，大胆想象，制作出与众不同的太阳镜的小朋友。为此，老师在评价游戏中重点表扬了桐桐，并将他的作品摆放在了班里的作业展板上。第二天，第三天，很多小朋友开始关注这件独特的作品，而且制作出了更多样式的太阳镜，蝴蝶的，云朵的，彩虹的……制作活动顿时丰富了起来。从那以后，桐桐一下子迷上了美工活动，他的动手能力明显得到了提高。

我们知道，创造力对于孩子的成长来说是至关重要的，但大人们却常常为发现不了孩子的创造力而担忧。实际上，孩子的创造力往往出现于我们的意料之外，尤其是在他们轻松愉快的游戏活动中。孩子的想象总是比成人新奇、随意，能够打破常规。当我们对他们的成果作出及时而肯定的评价时，他们的创造性就会被最大限度地调动起来，积极思考，大胆想象，创造出成人难以想象的事物。

用我们正常的思维来看，桐桐制作的眼镜可能实在是没法看。可是，桐桐大胆地打破了按模型板制作眼镜的常规，从而制作出了一件我们大人难以想象的独特作品——“太阳眼镜”。

所以说，在某些问题上，做家长的头脑里要少些条条框框，不要总是说：“看你做得像什么呀？”“哪有你这么做的？”“你看清老师是怎么做的吗？”“我看你这是瞎做！”仔细想一想，孩子的“错误”再大，又能“错”到哪里去呢？并且，许多意想不到的创造就常常发生在“错误”之中。

在孩子的世界里，完美是他们努力追求的目标，但家长需要告诉孩子：完美并不等于起点和终点的完全重合，也不等于自始至终的“正确”。如果能拓宽思维，即使在看起来不怎么完美的地方，也可以另辟蹊径，发现和创造出令人惊奇的美丽。

我国著名的儿童教育家陈鹤琴老先生说：给孩子一片“破坏”的天空吧，小孩爱“破坏”，失去的只是可估量的价值，而得到的却是孩子一生受用不尽的无穷财富——思考、创造和智慧。

有人说，孩子天生就是创造者，因为他们生来活泼好动，不被各种各样的规矩所限制，他们敢于打破常规，不按照成人的模式去思考问题。所以，他们常常会创造出与众不同的事物来。可是，随着孩子年龄的增长，他们的创造天赋在一天天减少。这里面的原因主要在于，很多孩子的创造力被循规蹈矩的家长在不知不觉中扼杀掉了。对他而言，“听话”才是他们希望孩子们做到的，“听话”才是孩子们应该最先学会的本领。对此，我们不能不说这是他在教育孩子过程中的一大悲哀。

孩子爱搞“破坏”，是他们对事物探求的一种表现，是创造力萌芽的基本体现。从孩子一出生，他们就带着强烈的好奇心来到了这个世界上，他们对周围的事物充满了新鲜和求知欲，他们要用自己的双手来探求这个神奇的世界。像爱迪生、牛顿、詹天佑、冯如，在他们幼年的时候也常被人们称作“破坏家”，他们搞的“破坏”也常让父母头痛、老师生气。可是，正是这些淘气的家伙，凭借着他们对周围事物的好奇心，努力地探知着日常生活。长大以后，他们依靠自己从小养成的探索、思考的良好习惯最终成了知名的大发明家、大科学家，在人类的历史上留下了辉煌的一笔。

在孩子进行“创造性”的活动时，家长千万不要因为孩子的行为、结果过于离奇、幼稚而嘲笑、阻止他们，如果那样，则会打击孩子探知事物的积极性，挫伤孩子的兴趣和爱好。其实，孩子搞破坏，正说明他们的精力充沛，这个时候，正是他们获取知识的最好机会。如果我们合理地顺应孩子爱搞“破坏”的天性，及时地给予引导，那么，就会从小培养孩子的求知欲望，帮助他们养成勤于思考的习惯，为孩子今后的发展奠定坚实的基础。

积极调动孩子的模仿力

孩子天生具备模仿力，日后的生活和学习也都离不开模仿。

通过模仿，孩子不仅可以学会各种技能，更好地了解他周围的世界，获得许多认知经验，还可以在模仿的过程中得到许多愉悦的情绪感受。当然，模仿有时候也会带来一些负面的影响，因此，模仿对于孩子来说有着复杂而深远的意义。

孩子从一出生，就开始模仿大人，并在不断的模仿学习中逐步形成自我。而孩子的模仿行为在不同的年龄段有不同的特点。

6 个月：孩子已经意识到他可以对周围的一切产生某些影响了。此时，模仿成了他非常热衷的行为之一。

9 ~ 12 个月：孩子达到模仿的高潮阶段，此时他们理解他人行为的能力也得到了发展。他在观察成人玩玩具后的几小时甚至几天后，还能寻找出被藏起来的玩具并模仿成人玩玩具的动作。

14 个月：孩子已经能够回忆起几周前或者几个月前他们看到的一些行为，并且自动模仿这些行为。这时候，与孩子进行一对一的游戏能够为他们提供更多模仿的机会。

18 个月：宝宝长到 1 岁半以后，他不仅模仿与他亲近的父母的行为，还会模仿其他小伙伴的行为。随后，宝宝开始模仿陌生人、电视里的人物，或者他在动物园看到的动物等。

2 岁：孩子对模仿的意义开始有他自己的理解，因此，如果看到成人像孩子一样把玩具塞到嘴里的话，他会表现得很吃惊，但并不去模仿。

2 岁以上：大部分孩子开始对成年人如何使用物品产生浓厚的兴趣，因此，他会模仿爸爸妈妈使用电话、钥匙、电视遥控器等物品，或者模仿成人的其他行为。

这种与生俱来的模仿对孩子的成长有着非常特别的作用，主要表现在以下 6 方面。

一、模仿是掌握社交技巧的来源

当孩子模仿大人的表情、声音、动作时，他的行为就很容易带给成人许多愉悦的感觉，被模仿的成人看到后就会给予孩子更多的关注，而孩子受到关注之后，则会更加热衷于这种行为。于是，孩子和家长之间就会形成一个良性的互动。那些看起来似乎没有太多意义的模仿行为就会成为激励孩子更多地与人交流的一种模式，与此同时，在模仿的过程中，家长学会了应对各种各样的人和事，他的社会交往技能也会得到提升。

二、模仿让孩子掌握了生存技能

孩子的很多生存技能都是通过模仿获得的。比如，一个1岁多的宝宝看到成人使用勺子，他可能会急切地将勺子抢过来，试着盛了饭菜往自己嘴里塞。尽管他的勺子可能杵到自己脸上、额头上，但是，他毫不在意，并且会坚持不懈地模仿成人的行为，直到他完全熟练地使用勺子。正是通过这样的模仿行为，孩子学会了穿衣、吃饭、使用工具等多种多样的生存技能。

三、模仿使孩子变得善解人意

大脑具有拥有模仿能力的神经细胞——镜像神经元。镜像神经元不仅仅在做各种动作时非常活跃，在观察别人如何动作时也非常活跃。这种神经元的活跃会促使孩子模仿他人的动作，设想他人大脑中的意图，通过模仿推己及人，了解对方的各种情绪，从而变得善解人意。

四、模仿帮助孩子学会尽早说话

孩子一出生，就尝试着模仿他听到的各种声音，从最初那些简单的元音，到一些有意义的字词，再到完整的句子，他往往乐此不疲。尤其在他会说一些话之后，他甚至会一而再再而三地模仿成人说到的某个词、某个句子，并且自得其乐地哈哈大笑。正是通过这样的模仿，孩子在3岁前掌握了语言，学会了利用语言跟周围人群完美地交流。

五、模仿提升了孩子的空间智能

刚出生的孩子并不了解自己身体与周围环境之间的关系，对他来说，他的小手小脚丫都是非常好的玩具。在模仿成人各种动作的同时，通过实践，他会获得越来越多的关于空间的经验，某一天，他会突然意识到，他可以控制的只有自己的手脚，而不是别人的手脚，但是他可以通过用手抓握，移动自己的身体等改变他与环境中的其他人与物之间的空间位置。因此，模仿对提升孩子的空间智能起到了非常好的促进作用。

六、模仿是孩子心智正常的重要指标

模仿不仅是孩子学习的重要途径，也是他尝试与人沟通和交流的具体体现。毕竟，孩子模仿时需要很多的观察和实践。15 个月大的孩子是否已经有模仿他人的最初尝试，也常常被看作孩子的心智发育是否正常的一个重要标志。研究发现，患自闭症和神经系统紊乱的孩子都存在模仿障碍。如果 18 ~ 24 个月的孩子还不具备模仿能力，孩子有可能会存在发育问题，家长一定要及时带孩子就医。

模仿对孩子的发展虽然起着非常重要的作用，但是如果我们总是对着孩子反反复复地做某个动作，说某些话，要求他模仿，那么，模仿对孩子来说就会变成一种压力，不仅不能帮助他发展，反而会妨碍他的成长。要让模仿发挥最好的效用，我们可以尝试以下的策略。

策略一：从出生起开始提供模仿机会。

从孩子出生那天起就要尽可能多和孩子交流。在孩子睡醒时，和他眼对眼地注视。不管孩子能否听懂，妈妈都可以多和孩子说话，对着孩子微笑、努嘴、咂舌等，为孩子提供尽可能多的模仿机会。

策略二：父母和孩子之间相互模仿。

父母在和小孩子说话时要改变平时讲话的节奏，放慢语速，句子之间有较长时间的停歇，甚至像唱歌一样，不断重复自己的每一句话和每一个动作，方便孩子清楚地观察与模仿。在与孩子交流时，父母还可以有意模仿孩子的行为。父母与孩子之间这种互相呼应的交流方式可以更好地调动孩子模仿的积极性，吸引孩子更加密切地注视父母，并对父母的言语与行为产生回应。

策略三：提供和别的孩子一对一玩耍的机会。

相比模仿成人的行为，孩子对模仿小伙伴的行为会更加感兴趣。他常常会更加喜欢模仿那些比他大的孩子的行为，甚至对模仿比他小的孩子的行为也很热衷。家长应尽量多提供机会，让孩子和其他孩子一对一地玩耍，孩子模仿的积极性就会更加高涨。

策略四：创设更多互相模仿的游戏。

多开展一些角色扮演游戏。比如，爸爸妈妈扮演孩子，让孩子在游戏中模仿爸爸驾车，扮演妈妈做饭，充当老师给小朋友讲课等，这可以更好地满足孩子模仿的欲望。

策略五：通过涂鸦在模仿中创作。

和孩子一起画他喜爱的事物，并在画画时，耐心而兴致勃勃地向孩子讲解你画了些什么。不要强迫孩子照着你的方式画画，给他充分的自由，他会自己模仿，并且在模仿的过程中进行再创作。当然，你也可以自己在一旁画，创设一个涂鸦的环境，调动孩子涂鸦的积极性。等孩子涂完，不妨满腔热情地问问他画了些什么。父母的这种关注会带给孩子更多的热情，进一步调动他涂鸦的积极性。

策略六：通过故事拓展孩子的模仿能力。

多给孩子讲故事，孩子听多了，自然也会模仿着讲故事。对于那些孩子已经熟悉的故事，妈妈在讲故事的过程中可以创设一些问题，比如讲到有趣的地方突然停下来，问问孩子："接下来会发生什么事情呢？"通过类似的问题既可以吸引孩子的注意力，也可以鼓励孩子自我表达，甚至可以鼓励孩子发挥想象力续编故事。不过，当孩子十分享受一个完整的故事的时候，最好不要中途打断他。

通过以上策略，不仅可以增强孩子模仿的能力，还可以在模仿中开发智力，挖掘潜能，使某些天赋脱颖而出。

孩子的记忆天赋很强大

17世纪捷克著名教育家夸美纽斯指出："假如我们能够记得曾经读到、听到和欣赏过的一切事物，并且随时可以应用，那时我们便会显得何等地有学问啊！"

古罗马伟大的哲学家塞内加，他的学生每向他读出选自不同作品的一句诗后，他就能将原诗整篇背下来。学生读了大约200句以后，塞内加就能把读过的诗句从头到尾背诵下来，一字不差。然后，他又能把200行诗句倒背如流，不会漏掉任何一个小节。他曾经完全凭记忆编纂了一部大部头的《神父文选集》，受到了当时教皇的赞叹。

在一次音乐会上，一个还没有钢琴高的孩子，能背对着琴谱演奏出世界顶级音乐大师的作品。这给了人们很大的启发。

孩子的记忆天赋，也许比我们想象得更为强大。伟大的思想家伏尔泰就声称，他在婴儿时期就记住了很多东西，并开始了对问题的思考。

维妮弗里德的父母相信，孩子从出生或者还在母腹中时，就开始拥有了记忆力。因为，维妮弗里德出生后不久，当妈妈轻轻呼唤她名字的时候，她就对妈妈作出了回应。这可能是在怀孕期间不断呼唤她名字的结果。

为了培养小维妮弗里德记忆力和敏锐的观察力，父母会带领她在散步时睁大眼睛去寻找沿途的某个事物，并将这种游戏命名为“鹰眼”游戏。当来到某个陈列了许多物品的橱窗前时，他们会事先扫视一下这个橱窗，然后看谁观察到的物品数量最多。这种方法非常简单而有效。对于橱窗，小维妮弗里德几乎能一眼看清里面几乎所有的东西以及房间的布局。

小维妮弗里德很喜欢“鹰眼”游戏，并教给常和她一起玩的孩子。她还经常和她的小伙伴玩“我能看到多少只狗”的游戏。游戏是这样的，在大街上谁先发现了一条狗，就要大声喊“这些狗”或者“这里有条狗”，然后把这条狗算在她的名下。

这些训练确实使小维妮弗里德具有了很好的记忆力。年仅5岁的她，在阅读了《共和国战歌》后，就在一帮来自纽约肖陶扩湖和纽约大学的教授面前背诵了它。这引起了很大的轰动，大家纷纷认为她是天才。但只有她妈妈知道，维妮弗里德没有任何特别的天赋，只不过妈妈恰到好处挖掘了她本来就存在的能力而已。

知道了记忆力培养的重要性，父母该怎么做才更有效呢？

首先，每位母亲都应该在孩子的生活中巧妙设定一些增强孩子记忆力的内容。在孩子很小的时候，可以给他提供一个每天相似的常规活动。同时尽量让孩子自己动手去做，因为只有孩子亲自参与了，他才会记住活动的步骤和细节，留下深刻印象。如果孩子很久没见过祖父，母亲就有必要准备一张照片，提醒他祖父是什么样子，这也是增强孩子记忆的有效方式。

孩子大一些的时候，母亲可以经常引导和帮助孩子做叙述自己经历的游戏，比如郊游的时候见过哪些朋友，做过什么事情等。当孩子会书写时，可以通过让他写日记的方式来巩固他的记忆力。

其次，通过构建某种联系以形成记忆的方法也非常不错。有一位母亲，她总是将孩子的鞋放在小狗餐盘旁边，这样每次孩子出去玩耍的时候，都会记得把小狗喂饱。鞋子和狗的餐盘某种程度上建立起了一种联系，使孩子看到鞋子便想到小狗。

需要提出的是，无论出于什么样的目的，父母都不要强迫孩子去记忆。自然而然的记忆一旦变成被迫的，孩子就会产生逆反心理，结果适得其反。

比如教孩子背书，当孩子能够背诵整页文章的时候，父母可以给孩子一些鼓励或者奖励。当然，这种奖励和鼓励要真诚、自然，不能过分夸张，以免孩子自以为是或者为了能得到奖励而去记忆。如果孩子有的时候无法记住一些东西，父母也不应过分责怪，因为孩子在没有建立起辨别能力之前，可能只会对自己兴趣浓厚的东西产生深刻记忆。其实，大人们又何尝不是如此呢？

利用“淘气”挖掘孩子的天赋

很多妈妈抱怨说，孩子越来越大了，越来越“淘气”了，上蹿下跳，翻箱倒柜，搞得家里乱七八糟天崩地裂，还常常干出一些让妈妈抓狂、崩溃的雷人事儿。有时候，大人控制不住情绪，就会吼两声，甚至打两下。

如何应对淘气孩子？家长首先要摆正心态，然后巧妙引导。

一、要站在孩子的角度，充分理解孩子的“淘气”行为

孩子对周围的事物充满了新鲜感和求知欲，他需要主动去探索，摸一摸，敲一敲，踢一踢，尝一尝，拆一拆……从而积累经验，根据观察和思考，建立他自己的认识。因为不受各种各样的模式束缚，不按照成人的惯性去思考问题，孩子的想象总是比成人新奇、随意，能够打破常规，充满创意。所以，“淘气”的过程，实际是好奇的表现，是探索的表现。

你家里有淘气孩子吗？家里干净的墙面上都是他乱涂乱画的“大作”，带他出去玩，车上爱插嘴、话最多的也是他……也许，这些在你的眼里，都是孩子淘气的表现，其实，淘气孩子常常有过人的“天赋”！

——也许你的孩子具有绘画天赋。

捣蛋表现：新房子才入住没多久，不知道什么时候客厅的墙上多了几条长长短短粗粗细细的蜡笔线。爸爸发现后，怒火中烧，抡起巴掌就给宝宝屁股来了几下，要知道这房子的装修凝结了爸爸3个月的心血呀，就这样被淘气的宝宝破坏了。事后妈妈问宝宝为什么这么做，宝宝委屈地说：“幼儿园里的墙就是彩色的，

我想把家打扮得和幼儿园一样漂亮。”看着宝宝哭红的眼睛，爸爸有点后悔当时那么冲动。

发掘方案：首先安抚伤心的孩子，肯定他画得不错。其次让孩子明白画画要选择地方，即使是打扮自己的房间，也要先问问爸爸妈妈。然后再给孩子准备足够大的纸张和画笔，满足孩子画长线的愿望。对于孩子来说，爱好就是学习绘画的启蒙，如果父母一直对他的涂鸦抱怨不已，那这一点绘画智能就很有可能被扼杀在摇篮里。所以看见孩子画在墙上的“拙作”，父母先要保持冷静，问清楚以后再作判断。

——也许你的孩子具有舞蹈或运动的天赋。

捣蛋表现：妈妈下班回到家，就被房间里的场景吓了一跳，她发现自己的大床上有3个小姑娘穿着鞋在蹦蹦跳跳，除了自家的丫丫，还有同个住宅小区的两个小女孩，空调毯不知何时变成了大家的跳舞裙。而保姆周姨却在外面看电视，她尴尬地说：“我不知道你这么早回来，我打算在你回来前收拾好的。”妈妈气得冲进房间一下子就把3个小孩拎到了地上，结实地训了一顿。

发掘方案：妈妈爱干净固然不错，但是也要原谅丫丫的顽皮，毕竟女孩子爱唱唱跳跳也很正常。为此挨骂会让小孩心生阴影，孩子的顽劣可能由此止步，但有可能她会用更倔强的姿态来面对你的粗暴。所以除了告诉她不能把床当舞台之外，还应当创造条件让她玩得自在，比如购置充气式地垫，让丫丫在地垫上玩耍，也可以带丫丫去参观儿童舞蹈班，或者带她去运动学校看看，试度是不是有点舞蹈或者运动天赋。这一类的智能就是这样开始培养的。

——也许你的孩子具有科学技能的天赋。

捣蛋表现：宝宝的爷爷家养着很多植物，有高大的海芋，有漂亮的四季海棠，有石榴，还有绿绿的富贵竹。每次宝宝都会跟在爷爷身边，看爷爷把植物搬进搬出、浇水、松土，自己也就忍不住偷偷摸摸跟着摆弄，他常常制造点小麻烦，让爷爷哭笑不得。有一次大家发现海棠的盆子里冒着热气，过去一看原来宝宝把自己喝的温开水都倒到海棠盆子里了。那是爷爷最喜欢的海棠花，于是他就给宝宝立了条规矩——绝对不准靠近花草，否则打屁屁。

发掘方案：这样的处罚似乎严厉了些。换个角度看，孩子并不纯粹是淘气，那天他听见爷爷嘴里嘀咕着要给植物浇水，才去“捷足先登”。至于温水，更是孩子的好意。“妈妈说小朋友要喝开水。”孩子自己这么解释。所以为人父母，永远不要对孩子失去耐心，在你的诱导下，孩子出格的行为也很容易得到解释。孩子的爷爷如果愿意教孩子一些基本的常识并给他实践的机会，孩子一定会乐于学习的。一个愿意探究植物生长奥秘的孩子，长大后成为科学家的可能性很大哦。

所以，家长一定要控制好自己的心态和情绪，不要大惊小怪大呼小叫，不要总是认为孩子在故意捣乱、跟你作对，不要总是把孩子当成一个令人烦恼的、惹人生气的角色。不要总说：“你这孩子怎么这么讨厌啊？怎么这么烦人啊？”如果在孩子淘气的时候，家长只会盛气凌人地训斥，只会说“不准……”，那么，你就扼杀了孩子的好奇心，使他们的求知欲望逐渐泯灭。而且，也会打击孩子的自信心，孩子会因此变得胆小，遇事缩手缩脚，以后可能失去对自己的肯定和探索的勇气，失去做事的主动性和积极性。

二、巧妙应对，正确引导

顽皮是孩子的天性，淘气是孩子的本色。每个孩子“淘气”的方式不一样，这恰恰说明，孩子的性格、爱好、兴趣、潜质是不一样的。我们为什么不好好“利用”孩子的淘气，来挖掘他的潜能呢?

笑笑是一个顽皮的“造反派”和“破坏大王”——用“童子尿”冲奶粉，在妈妈身上堆砌“鸡蛋壳长城”，把妈妈的手机藏到冰箱里，在电视机屏幕上乱涂乱画，拿棒棒糖在电脑键盘上敲击“弹琴”，拿着戏水玩具在马桶里疯狂玩水……只不过，笑笑妈从来不把这些调皮捣蛋的事儿当做“恶劣行径”，不会为之烦恼发愁或者气愤抓狂。她会先摆正对孩子淘气的态度，然后再正确引导。我们不妨借鉴一下她的好经验。

实例一：从“乱扔东西”到“定点投掷”。

很多孩子都喜欢乱扔东西。笑笑就曾经有一段时间看见什么都“扔”，包括玩具、书、杯子、衣服、碗勺等，而且他还特别喜欢站在高处往下扔，常常弄得家里是一片狼藉！笑笑妈是怎样巧妙地处理的呢?

对策：既然你喜欢扔，那就要扔出水平、扔出艺术！

首先准备一个大大的“整理箱”，就是超市所卖的那种塑料的四方箱子，可以用来装衣物、装玩具。另外，再准备一些布娃娃，因为比较柔软，扔的时候不会伤到人。好了，把箱子放在一定距离以外，让孩子把娃娃都尽情地“扔”到箱子里去吧！距离可以慢慢增加，1米，1.5米，2米……记住，孩子在扔的时候一定要站在所限距离的界线之外，不能越界，否则算犯规哦。

结果：如此一来，既满足了孩子“扔”的欲望，又练习了一项本领：定点投掷！

事实证明，笑笑确实有运动的天赋。笑笑在“投掷训练”中，不仅掌握了“脚要稳，眼要准，手要狠”的投掷要领，命中率越来越高，而且还开发了他投篮的运动潜能。

实例二：从“上蹿下跳”到“龙腾虎跃”。

“三天不打，上房揭瓦。”这充分揭示了孩子淘气的本性。你家孩子是不是也特别喜欢“上蹿下跳”、“攀岩走壁”呢？笑笑就是这样，他经常爬到高高的桌子上，然后冲着床的方向，大吼一声，跳下来，还顺势滚两个圈儿，有点野战的味道。

对策：不能总这么乱跳啊？要跳出一点技术，跳出一点花样儿！

在地板上准备好三四个家家户户必不可少的枕头，每间隔一段距离就平行地摆放一个。家长千万不能怕脏。为什么用枕头呢？因为枕头柔软，即便宝宝摔了跟头也不用担心伤着他。

然后，让孩子从枕头上一级一级地跳过去。尽情地跳吧！一定要严格要求他跳得准，跳得好，不能糊弄。经过一段时间的练习，要慢慢增加枕头间的距离，这样孩子就能越跳越远，这就好比跑步的时候要增加“跨栏”的难度一样。

结果：孩子在弹跳方面十分了得。

事实证明，笑笑的弹跳能力确实比别的同龄孩子强很多。

实例三：从“一盘散沙”到“数字和形状”。

夏天吃了很多冰棒，笑笑常常把冰棒的棍子扔得到处都是，还要用脚踢，踢得地板上乱七八糟。笑笑妈该怎么办呢？

对策：小小的冰棒棍，有很多的妙用哦，尤其可以激发数学方面的潜能！

其实，其他小的比较零碎的东西都可以拿来当道具。比如，可以学习数数，一根一根棍子慢慢加、慢慢减；还可以进行比较，看看妈妈和孩子手中的棍子，谁的多？再比如，可以用棍子摆出各种各样的几何形状，如三角形、正方形、梯形、五角形；等等，为孩子建立初步的图形概念。然后，让孩子根据自己的记忆和联想，亲自动手去摆放去拼接，挖掘其潜能。这样的小游戏还能增强孩子做事的耐心。

结果：事实证明，笑笑对于数字和形状，确实很有兴趣，而且在这种任意摆放中还会有创新。

实例四：从“瓶瓶罐罐”到“平衡与力量”。

对于孩子来说，最好的玩具，往往都是那些不是玩具的东西。孩子就喜欢折腾家里的锅碗瓢盆、瓶瓶罐罐、破铜烂铁。

对策：没关系，既然孩子对这些玩意儿感兴趣，我们不妨锦上添花再增加一些乐趣，游戏童年嘛。

笑笑有一阵特别喜欢抱着瓶子走，好像在显示他很有力气。笑笑妈就给他拿了一根长长的撑衣杆充当扁担，然后前后各挂上一个盛了水或东西的重瓶子当水桶，让笑笑挑着走。

还可以让孩子试着把瓶子倒立过来，让他看看“头重脚轻”是什么样子。如果瓶子本身具有一定重量，想要让它“四脚朝天”并不容易。这样可以让孩子体会平衡与力的关系，还可以很好地训练孩子双手的控制能力。

结果：事实证明，笑笑在平衡和力量方面，确实有发展潜能。这样的玩法既过瘾，又在无形中训练了本领，一举两得。

孩子的想象力和创造力往往表现在“淘气”的行为中，尊重孩子的童心，善待孩子的“淘气”，引导孩子的“破坏”，给“淘气包”们一个自由发展的空间吧！相信读了上面的事例，家长们都会有所收获。

适时挖掘宝宝的语言天赋

孩子具有学习语言的超强天赋，但多数父母不了解学习语言的年龄特点，错过了最佳时机。

宝宝 3 个月大时已拥有良好的听力，他们能随声音转动视线，这种自动寻声能力是语言听力训练的最初机会。家长可以经常抚触孩子与他说话，或离开他的视线呼唤他，进行寻声练习。

3 ~ 6 个月龄，宝宝开始意识到语言的存在，理解少数语言，并用口水制造声音，对语言进行探索。您可以利用孩子身边的物体和正在做的事进行对话，并积极响应与鼓励他的口水发声。

6 ~ 12 个月龄，宝宝开始理解语言的意思，认识较多事物与动作的名称，包括名字。您需要从他感兴趣与熟知的事物入手，进行一一对应式的语言学习，可以结合语言、图片、文字等形式。

12 ~ 24 月龄，宝宝开始学会观察与倾听现场语言，学习语法和理解整个句子。除了孩子，您还要与家人多说话，让孩子观察大人说话的语气、语速、神态；多给孩子看图听故事，多听电视与影碟的丰富内容。

24 ~ 36 月龄，孩子开始语言交谈，并掌握生活中的大部分语言。您需要培养孩子语言的精确表达、丰富的词汇与表达技巧，并通过早期阅读充实知识及识字。如果孩子不愿意说话，或是无法清晰地说出具体词汇，或是不能将词汇连接成短语，应当与儿科医生联系。

随着孩子年纪的增长，他的语言能力和理解能力也随之有显著提高。3 岁左右的幼儿已经具备推论 (发现言语中暗含的意思) 的能力，同时，也开始显示出强大的阅读和书写能力。

此时，作为家长，应该努力做到以下几点。

其一，鼓励孩子说说今天幼儿园发生的新鲜事。你需要仔细地听他所说的每处细节，注意小家伙叙述的条理性 (时间顺序、地点顺序等)，是否用词准确，以及是否能够让没有亲身接触的人听懂。

其二，问一些简单但是需要很强条理性的问题。比如 ：“老师怎么教你做三明治的？”或者“你今天怎么刷的牙？”你可以从这些简单问题入手，观察孩子是否能够准确地把握叙述顺序，如果他做得很好，再从更高的层次——叙述简洁准确来要求。

其三，关注一些含义“空”的词汇，比如“东西”，“这个”，“那个”等。如果在孩子对某件事情的叙述中充斥大量此类词汇，可能表示孩子对词汇的掌握不足或是用词困难，这会导致叙事不清或是意义混淆。比如“昨天放到那个里面的东西湿了，所以不好”这样的话，如果没有结合恰当的语境，就无法理解其含义。

其四，让孩子把刚刚看过的故事讲给你听，以此判断他是否弄明白了故事要讲的事情。当然，每天讲一章就好了，否则会导致抵触情绪。

通过以上训练，可以很好地发挥孩子的语言天赋，完成孩子了解世界和让世界了解的关键一步。

如何发掘孩子的艺术天赋

越来越多的80后拥有了自己的家庭，子女的幼儿教育问题成为人们关注的焦点。不少年轻家长在孩子很小的时候，就已经替他们规划好了“艺术人生”。即使学费高昂，家长们也要送孩子去参加钢琴、绘画、舞蹈等多种艺术课程。

尽管家长付出了大量的精力和财力，可随着时间流逝，孩子们要么是没有显现出这方面的潜质，要么就是渐渐失去对特长班的学习兴趣，甚至对课程很抵触。可以说，不少家长对孩子的这种教育投资并不成功。如何才能发现孩子在某些方面具有可挖掘的潜力？应该怎样选择适合自己孩子的兴趣课程？这些问题令不少家长苦恼。

一、要注重观察孩子

尽管每个孩子在出生时都像一张白纸，但实际上他们所拥有的特长天赋以及未来的发展方向却各有不同。独具慧眼的家长比别人更快发现自己的孩子在哪些方面具有别人所不具备的天赋。这是因为这些家长平时会花很多时间细心观察自己孩子的一举一动，比如孩子对哪些事物有兴趣。举个最简单的例子，音乐是一种感染力较强的艺术事物，即使是刚刚出生的婴儿，也能感受到音乐的魅力。家长如果观察到孩子在听到音乐的时候停止吵闹，并有明显的倾听动作时，应当意识到孩子从声乐旋律中获得了启蒙。此时，家长可以从不同的音乐方向对孩子进行试探性的引导。如果孩子能比较容易地分辨不同的旋律和音节，有较强的节奏感，便可以尝试让孩子更多地接触音乐，培养孩子的音乐细胞，挖掘出孩子所潜藏着的音乐天赋。

二、要和孩子一起游戏玩耍

当看到孩子不吵不闹在一个人“闷玩”时，不少年轻家长会认为这样的孩子乖巧，不用父母太操心，而忘了此时更需要自己去亲身了解和参与孩子的游戏活动。其实，孩子在玩的过程中最容易展现出自己的某些天赋，而家长与孩子一起游戏可以更好地引导他们将这份天赋显露出来。例如：孩子在玩积木的过程中，起先都是无规律、无目的的，家长参与其中，可以给孩子一个学习的榜样。孩子最初的学习就是从模仿开始的，他们从家长那里学会辨认图形，将不同的积木构建堆叠，并从积木游戏中对立体几何产生一种系统的概念。寓教于乐，家长需要在游戏中做好孩子的“第一任老师”。

三、适当地让孩子作出选择

很多家长都将“尊重孩子的个人意愿”、“让孩子自主学习”这样的话挂在嘴边，事实上却很难做到，家长还是常常会根据自己的经验和观念为孩子选择需要学习的课程。

对于尚且年幼的孩子而言，完全放任其自由发展是不恰当的。但完全从家长自己的思维出发，规划孩子未来的兴趣爱好也不甚可取。如果家长发现自己的孩子在音乐方面有天赋，但孩子自己却更爱好美术的话，可以适当培养他在美术方面的能力。毕竟兴趣才是最好的老师,也是最大的动力。

现代社会，由于竞争压力的激增，家长生怕孩子输在起跑线上，总是希望孩子能多学点东西，于是给孩子报各种各样的兴趣班。要发掘出孩子的艺术天赋，让孩子找准兴趣才是最重要的。

何时培养孩子的音乐天赋

首先，我们来测试一下孩子的音乐天赋。请回忆孩子平时的表现并回答这几个问题。

1. 孩子小的时候会随音乐的拍子、节奏型旋律挥动自己的手臂，用力蹬自己的小腿吗？

2. 孩子喜欢聆听自然界的各种声音吗？

3. 孩子能区别声音的大小，并能准确地模仿吗？

4. 孩子会模仿生活中的各种节奏吗？

5. 孩子会和着歌曲打拍子吗？

6. 孩子能辨别音乐是从哪个方向传来的吗？

7. 孩子能体会音乐的节奏和旋律吗?

8. 孩子听到音乐会手舞足蹈吗?能合上音乐的节拍吗?

9. 孩子喜欢唱各种类型的歌吗?能有表情地演唱吗?

答完这些问题,如果肯定的答案在6个以上,那么恭喜你,你家的孩子非常有音乐天赋!可能妈妈们会说,就这么简单?好像许多孩子都做得到啊!事实的确如此!音乐的天赋是人类与生俱来的,每个人都能够发展这种才能。

比如,妊娠期是开发孩子音乐潜能的第一个契机,母亲千万不要错过了对孩子进行音乐胎教的好机会。

当孩子0~2岁时,这一阶段主要是培养孩子对音乐的感知力和领悟能力。

当孩子2~3岁时,这一阶段其实是前一阶段的延伸和巩固,这时候孩子听到音乐可能要不由自主地随着音乐手舞足蹈。此时你要特别培养孩子的节奏感,给他听的音乐最好是节奏性比较强的,这样更能引起孩子对音乐的兴趣。

当孩子3~4岁时,可以让孩子从单纯的节奏练习向旋律、音准方面过渡,并可以让他配合乐曲接触乐谱。这一时期学习电子琴是不错的选择,因为电子琴在节奏、旋律、音准以及培养孩子音乐兴趣方面都有很大的作用。

当孩子4~6岁时,这个阶段是开发孩子音乐潜能最关键的一个契机了,可以让孩子学习一些实际的音乐技能,比如钢琴、小提琴、扬琴、古筝、二胡等乐器的演奏。而学习乐器,需要手眼协调分工合作,对孩子各方面的智能都是一个很好的训练。例如学弹钢琴,事实证明从这个时期就开始学习的小孩子肯定比长大后再开始学习的人更容易取得成功,因为这段时期是学习钢琴的黄金时期，错过了实在太可惜。

由此可见，宝宝的音乐天赋是不是可以发挥出来，就看作为人父人母的你是怎么做的了。

在一个丰富的学习环境中，通过玩耍嬉戏寓教于乐，你的孩子会有最佳的学习表现。孩子们会自然而然地接受音乐，把音乐编进他们自己的玩耍，以及与大人的游戏之中。尽管他们还不适合进行正规的器乐训练，但已经到了进行音乐游戏的年龄了，所以请尽量广泛地给孩子们听音乐，唱歌，跳舞，吹口哨和哼小曲吧！

其一，用音乐来开发孩子的记忆力。

圣约翰大学心理学系的杰弗里·费根及其同事通过研究发现，3个月大的婴儿就能以音乐为线索来记忆事物。研究人员在让婴儿聆听音乐的同时，交给他一个汽车模型让他记忆。7天后，当播放同一首曲目时，婴儿能较好地回忆起汽车模型，而播放其他音乐时其记忆的效果则不是太好。费根认为，提供诸如音乐之类的适当记忆线索，就能帮助婴儿检索先前的记忆信息。

这就为父母提供了一个极好的方法。例如，在给小孩洗澡、穿衣时，哼上一段小曲，每次都哼同一首，这种重复哼唱有助于孩子理解这是一首什么样的歌曲，还可以帮助孩子们预见下面的旋律与歌词该如何变化。这一方法还有助于调节日常生活。

研究者还发现婴儿对某些音乐特别偏爱：

婴儿辨析高音的能力比辨析低音的能力好，因此婴儿偏爱声调较高的音乐；

婴儿偏爱大调旋律；

婴儿喜欢那些简单而又具有重复节奏的音乐；

……

然而，你的孩子也许会与众不同，偏爱其他类型的音乐。不管是什么音乐，只要你的孩子对此有所反应，那就是最适宜给他播放的音乐。

其二，开始为音乐学习打基础。

婴幼儿还不会弹钢琴，拉小提琴或吹单簧管，但最好在适当的时候尽可能早地(最有可能的是6岁左右时)将乐器教给他们。一个明显的好处是，早期聆听音乐与接受音乐训练将为他们以后学习音乐打下坚实的基础。南卡罗来纳大学教授埃德温·戈登发现，婴儿接受的音乐熏陶，如果时间和顺序安排得当的话，将培养起孩子的音乐才能。在适当时候为孩子播放音乐，那么在以后的音乐学习过程中就会事半功倍。

切莫扼杀孩子的绘画天赋

对于孩子来说，画画是不需要父母帮助的，进行自我探索和创造的领域之一。孩子的画是他情绪的反应和创造力的体现。大家都知道，知识可以教，但创造力是不能教的。但偏偏有的父母在家庭教育过程中，轻易地就用几句话扼杀了孩子画画的天分和积极性。

一句话能点亮孩子的艺术人生，一句话也能埋没一个画画天才，关键看你怎么说。

墙上贴满了孩子画的树、房子和他最喜欢的猫，你惊叹他灵性十足。但是光有感叹还远远不够。如果运用适当的方法，进一步激发孩子对艺术的热爱，他还可能掌握一些重要技能，这些技能即使在入学后也十分需要。

正如一位儿童发展心理学家所说："艺术能够帮孩子学习阅读、写作和恰如其分地自我表现。"其实，学艺术不仅是技能的提高，画画对孩子的影响，是一辈子的。抓住迸发火花的关键期，孩子将受益终生。

比如，孩子的画与众不同，显露出创造力的苗头，你可以让他说说画里的故事。这样，他还增进了与人的交流沟通能力和独立的批判性思考能力。但是，如果你采取以下的态度对待天才的"小画家"，那么，上面所说的一切可能就都不复存在了。

例一："你画的这是什么呀？怎么一点都不像呢？"

大人感受的世界，是真实的存在。看到了，才相信是真的，是好的。但是，小孩儿却不同。他们在四五岁时，认为主观想象就是真实存在，也就是心里怎么想就怎么画，再加上控制画笔的能力还不够娴熟，所以，孩子的画当然与大人的评判标准有很大差距。可是，孩子有画得"不像"的原因，更有画不像的自由。因为，画得像，并不是绘画艺术的最高境界。孩子绘画的真正意义在于满足自己涂鸦的欲望与本能，让他养成独立创造的习惯，并且勇于表达自我。

其实，真正的儿童画不是考级的作品，更不是以大人意志为主导的画。而是由孩子自己创意，反映孩子情绪的"小品"。

不要去猜你孩子那辨认不清的画是什么。而要提出一些开放式的问题，如："你能告诉我画里面的小秘密吗？"或者"你是怎样就选择了这些颜色了呢？"而不要以"像不像"去评判一幅画。

如果父母太执著于绘画结果，并对技巧过于苛刻要求，只求"画得像"，那你就会忽略孩子最珍贵的原创性。殊不知，著名立体主义绘画大师毕加索，毕生追求的就是那种童稚般的纯真状态。

尊重孩子就别乱下结论，让孩子说出自己的想法，是最明智的！

例二：“我现在没有工夫听你讲你的画。”

大人忙了一天，回家就想清静一会儿，歇一歇。然而，对于孩子来说，白天是满足好奇心、令人兴奋的探索，回家后一定要把这些感受告诉爸爸妈妈！于是，画画就成了沟通的桥梁。

5岁的浩浩刚等爸爸下班回家，就迫不及待地告诉爸爸他最近画了什么。他爸爸说：“大多数画的就是一天里发生的小事，他很注重每一个细节，我也能够从细节问题中感受到他的所思所想、快乐与烦恼，挺好玩的。”这就是一位善于引导的父亲。

“我有‘画’要说”——画作是孩子无声的语言。当他们还无法以明确的语言表达心中的某种想法或某种委屈时，可以借由不同的线条与色彩，以绘画代替口语说出来。

当你的孩子试图告诉你关于他的画的故事时，一定要全神贯注地听。你们的对话将会拓展他的词汇，还可以教会他按顺序讲述故事，这些对于孩子今后的阅读将起到决定性作用。如果他画了一匹马正在田地里，可以问他马生活在什么地方。这将会使他想起马圈、马车等，有可能还会引出一个长长的故事。

给孩子一点时间，就会成就一个想法独特并快乐的人。

例三：“你的画太棒了，将来能够成为画家了。”

有些大人觉得孩子只有受到表扬才能更好地画画，所以，不论他画的是什么，画得怎么样，都一味地夸奖。结果适得其反，孩子觉得这类表扬给自己造成的压力太大，实在受不了的时候，可能就开始糊弄和敷衍。描述性的评论听上去更好，比如，“那只恐龙看上去真高兴！”

其实除了当画家，绘画还能开发孩子更多的潜能。当孩子开始画画的时候，是理解因果关系的绝好时机。通过画画，他们还制定自己的计划，如“我要试着画一头大象”，并开始琢磨这张画中的大量细节问题，例如“大象有脚趾头吗”，“大象是单眼皮还是双眼皮”，等等。因为在艺术中无所谓对与错，所以孩子可以通过一系列的实践和自我评价等，培养自尊心。

让孩子在适度的评价中生活，你会发现他神奇的成长和进步。

例四：“画了那么长时间，我们可以准备考级了！”

大人觉得，既然对画画投入那么大，再加上别人都开始考级了，那就随大流吧。但是小孩总也想不明白，为什么自己喜欢的每一件快乐的事，都会被大人套上个恼人的框框。画画好并不是通过证书体现的。比赛、考级都体现了大人的游戏规则，而不是孩子的意愿。其实孩子学画的意义主要是在画外获得的那些东西，例如：绘画可以使人获得内心平衡，有助于小肌肉运动的发展，可以帮助儿童培养坚韧精神等。所以，与其受考级束缚，不如让孩子自由发挥。

例五：“你画得不好，我来帮你画。”

大人认为，孩子画的线不直，尺寸不对，所以，常常把着孩子的手，让他规矩地画完一张画。小孩却讨厌这样的做法：你限制了我的手，限制了我的脑，不让我独立地做事。日久天长，孩子便会产生依赖性，这也就失去了原创的热情，更谈不上什么创造力了。

文文画的小人儿头大身子小，腿短胳膊长。联想到儿童游乐场的沙画，文文妈妈想出了一招：复印出人物的轮廓，让孩子只往里填色。其实这是封锁制约孩子创造力的残酷训练。创造是一种“无中生有”，创造是一种天生的才情。

孩子是创意大师，孩子刚开始拿起画笔，就站在原创的高点。画作中独一无二的原创，都不是教出来的。大人插手，孩子缩手，成人的干涉与过度的成果导向，是对创意的破坏。

若想保持这份原创活力，应鼓励孩子独立思考的能力，以免孩子在成人的过度干扰或是各种视觉污染下，丧失信心与美感敏锐度。

每个人都是自己生命的创造者，孩子的自由情感在涂鸦中得到抒发，成为寻求独立及自我探索的内在动力。这是自主学习的开端，同时，也会帮助孩子逐渐形成自信与个人独特性。

当然，我们也可以通过重视孩子的作品来增加他们的自信心，比如将画装进精美的画框装饰墙面，或是把画贴到网上公之于众让更多的人欣赏，或是开一个别出心裁的儿童画展……所有这一切，都会帮助你的孩子增加自信，从而进一步培养画画的天赋。

怎样培养孩子的运动天赋

中国家长普遍望子成龙、望女成凤，如果学习某项技能的前景不乐观，家长们也会让孩子尽早放弃。不少家长担心学习体育付出的代价太大，不仅身体可能经常受伤，而且不容易出成绩。因为全中国学体育的孩子有不少，但“刘翔”、“郭晶晶”却出不了几个。反而学习文艺技能的收效较好，孩子做不了“郎朗”和“李云迪”，至少还可以陶冶情操。另外，还有家长认为从事运动可能会对孩子的体格发展造成不良影响，比如练体操的孩子可能会长不高，练游泳的孩子会胳膊粗壮，那样女孩子就不太好看了……这些担心也成为家长们反对孩子学习体育的理由。

同时，很多家长认为，练体育耽误学习。的确，练习体育技能需要耗费不少时间，一些孩子每天至少要进行4个小时的体育训练，有的训练时间更长，这让他们不能像普通孩子那样有许多时间在学校学习课本知识。许多家长因为担心孩子专心练习体育而无法专注于文化课的学习，将来不能和同龄人一样高考、上大学，因此让孩子放弃从事体育。

然而，专家指出，孩子运动天赋应着力培养。

孩子有运动天赋，并且愿意当运动员。专家建议家长应该为孩子创造进修体育的机会，可以考虑送孩子进体校。

专家认为，如果家长发现孩子的体格适合从事体育运动，身体条件好，并且愿意长大后当运动员，家长就不应将自己的喜好强加于孩子身上，应当让孩子有自由选择的机会，并尊重孩子的选择。家长们如果不想改变孩子的学习状态，可以积极和体育老师联系，让孩子先进学校的体育队学习，观察孩子的运动技能是否有进一步提升，并且看孩子是否真的适合当运动员，如果孩子真的有条件往这方面发展，就由学校推荐孩子进入体校作进一步的学习。此外，家长们还应当消除诸如“孩子学习不好才进体校”的误区。学习不仅是学课本知识，训练体育技能也是一种学习。而很多体校在训练孩子的同时会给孩子安排文化课，不仅不会让学体育的孩子耽误学习，而且还使孩子的学习生活更加丰富了。条条道路通罗马，如果发现孩子真的适合从事体育运动，就应当及早培养。

孩子的运动天赋一般，平时比较懒，不太爱锻炼等。此时专家建议：家长要多鼓励孩子积极从事体育锻炼。

广州父母学堂家庭教育研究会会长许化利认为，现在孩子营养比较好，但就是太缺乏运动的机会，特别是学校里面。有些学校和家长担心孩子运动量大，也担心孩子受伤，于是没有很合理地安排孩子们做运动，导致一些孩子的运动天赋被埋没，而一些运动天赋一般的孩子也就顺理成章地养成了不爱运动的习惯。许化利会长表示，他在讲课过程中常发现这样一种情况，许多家长逼着孩子弹钢琴，认为可以开发智力，于是忽视了让孩子去做运动。但其实现实中有许多例子表明，许多状元的运动能力也是很好的。许化利会长建议家长可以多鼓励孩子做一些简单又可行的运动，比如跳绳、玩呼啦圈等，不仅有利于增进家长和孩子之间的亲子关系，还可以通过运动给孩子舒缓解压，一举两得。

通过游戏培养孩子的数学天赋

如果说学习识字是一个日积月累的过程，需要的是花时间记和背，那么学习数学就是一个不断探索的过程，需要的是领悟和感受。在教授过程中最重要的是培养孩子对数学的灵性。孩子有了对数学的灵性，数学才能真正地灵动起来，达到举一反三、一通百通的效果。

要培养孩子对数学敏锐的感悟力和灵性，除了浓厚的兴趣之外，扎实的基础是关键。而用游戏的方法学习数学，更适合孩子。

一、利用日常行为陪孩子随兴计数

家长陪孩子上楼梯时，可以大声计算阶梯的数量：“1 级、2 级、3 级……我们一共走了 10 级台阶！”吃橘子时可以大声说：“这里有 1、2、3、4……8 瓣橘子，你和妈妈每人吃一半，好吗？1、2、3、4，4 瓣给你，4 瓣给妈妈。”很自然地孩子就会对数东西产生了基本概念：每样东西都要单独数，而且每样东西只能数一次，不可重复。

二、用任何东西量量房间的大小

量东西并不一定要用尺，任何东西都可以作为一个度量的单位。孩子可以用自己的脚作单位，从这边的墙壁走到那边的墙壁，看看这房间原来有几“脚”宽。

一个大杯子可以装多少水？可以让孩子拿一柄调味匙，一匙一匙把水装入大杯中，看看一共装了几次，就可以说这个杯子可以装几茶匙的水。如此让孩子一边玩，一边树立度量衡的概念。

三、拼图帮孩子培养形状差异的辨别力

数学并不只限于算术上的加减乘除，还包括外形的数学变化。而为孩子提升这方面智能，最简易有趣又有效的游戏就是拼图。拼图有很多种：有一组组的几何形拼块，可以分别拼入不同形状的几何框框里；有由一幅图画切成各种形状的小块，拼合后会出现原来的一幅画；还有中国的七巧板，可以拼出各式各样的图形……任何一种拼图都能帮助孩子加强他对形状差异的观察和辨别能力，帮他提升数学智能。

如何挖掘孩子的幽默天赋

生活需要欢乐，更需要幽默，即便是面对困境，也同样需要幽默的神经。孩子需要幽默，需要用幽默成就快乐人生。幽默有助于调节孩子的情绪，让孩子以轻松的心情面对五彩缤纷、千变万化的生活。一般情况下，孩子们的心理承受力和情绪控制力都比较差，很容易产生烦躁、不安等不良情绪。如果孩子富有幽默感，他就可以很好地调节自己的情绪，以幽默的态度面对事情，从而乐观地看待问题。而且这样的一个心理自我调节的过程，也是不断提升自我心理承受力和意志力的重要过程，对孩子的成长有着重要的作用。

幽默还能促进孩子人际关系的和谐，加强与人交流的能力。幽默的气质使孩子散发出一种光彩夺目的亲和力。它缩短了孩子们之间的距离，使孩子多获得了一份信任，少了些许敌意；添了一份快乐，减了些许摩擦。幽默可以淡化矛盾，消除误会，减少苦恼，这一点都不夸张。它是社交场合里不可缺少的润滑剂，可以使人们的交往更顺利、更自然、更融洽。比如，孩子与父母间的幽默还有特殊的功能：在一方心情恶劣或双方发生矛盾时，刺激性的语言无疑是火上加油，就是喋喋不休地规劝，也会事倍功半。而此时一个得体的小幽默，却常常能使其转怒为喜、破涕为笑。即使到了剑拔弩张的程度，有时也可因一句妙趣横生的话语，化干戈为玉帛。因此，具有幽默感的孩子在日常生活中都有良好的人缘。

此外，富有幽默感的孩子往往乐观而自信，能以宽容之心待人接物，从容地面对复杂多变的生活。而且有着幽默感的孩子往往也有着张扬而富有生气的个性，阳光而充满魅力的人格。

孩子们是最富有幽默天赋的，他们的幽默是最自然、最纯真、最坦率、最美好的人类语言。只是这种天赋，需要细心的父母们用心去发现、体会，并激发孩子幽默的潜质。因此请在生活中给予孩子幽默的熏陶，注重培养孩子的幽默气质与人格。

孩子的幽默感来自父母。孩子是父母生命的延续，是父母最真实的镜子。潜移默化中，父母的许多特点在孩子身上都得以再现。所以，要培养孩子的幽默感，为人父母者，首先要看看自己是否也需要培养幽默感，最起码，是否能够真正欣赏幽默。

父母努力提升自己和孩子的幽默感，可以从以下几方面入手加以培养：

一是努力提高自己的文化与思想修养。一个人要想培养幽默感，就必须有一定的文化知识、思想修养做基础，多学习那些诙谐、风趣的谈吐方式并在生活中加以运用。至于那些性格比较内向、做事过于认真呆板的人，要学会欣赏别人的幽默，在社交过程中尽量让自己轻松、洒脱、活泼，想办法将话说得机智、委婉。当然，刚开始尝试会感到不大自然，但只要坚持在与他人的交往中不断锻炼，幽默感便会被运用得游刃有余，让交往更加情趣盎然。

二是培养幽默的表达能力。幽默的表达能力是人们借助一定的幽默形式创造幽默效果的能力。表达幽默的形式很多，诸如漫画、谚语、诗歌、文学、笑话、相声、喜剧、音乐等都可表达幽默。其中，特别重要的是努力提高语言幽默的技巧，因为语言是我们用以表达思想感情、与人交流的主要工具。

其实，培养幽默感也并不是什么难事。有一颗平常心或是豁达乐观的态度，那便具备了幽默感最基本的要素，而且这一点恰恰是应对生活磨难所不可或缺的。

给女孩更多理智的爱

女孩小的时候，她们往往会表现出很多出色的天赋：

当同龄的小男孩还说不出一句完整的话时，小女孩已经可以跟人聊天了；当同龄的小男孩还热衷于玩变形金刚和玩具枪时，小女孩已经能歌善舞了；当同龄的小男孩还常常因为一点小事而打架时，小女孩已经充当起了人际关系的调解者……

但随着年龄的增长，小女孩的这些天赋开始一点点地减少，有些甚至慢慢消失了。

面对女儿天赋的消失，很多父母很迷茫：为什么女儿越长越没出息呢？

其实，这并不是女孩越长越没出息，而是与女孩的发展规律有关。青春期之前，女孩的智力要比男孩发育得快一些，这时的女孩会表现出很多天赋。但到了青春期，由于受身体和情绪的变化等因素的影响，女孩的天赋会渐渐减少。

但值得注意的是，这并不是影响女孩天赋发展的主要因素，儿童心理学家表示，父母对女孩的态度往往决定她的未来。

我们都知道，女孩是敏感的，青春期的女孩更敏感。家有女孩的父母更能深刻地体会到，在青春期这段时间，他们与女儿的关系常常会变得很紧张。尽管父母尽量尊重女孩的感受，但女孩还是时常会为父母不经意的一个眼神、一句话、一个动作而伤心。

女孩很在乎父母怎样看她，对此，儿童心理学家曾总结出了这样一段话：“父母对女孩的影响是潜移默化的，它不仅塑造着女孩的人生观和价值观，还描画着女孩看自己的表情。如果父母眼中的女孩正直自信，女孩就不会辜负这份信任；如果父母眼中的女孩懦弱无能，女孩就会对自己产生怀疑。”

但在生活中，女孩父母又是怎样看待自己女儿的呢：

女孩唱歌跑调了，妈妈马上纠正，并且还说：“别再折磨我们的耳朵了！”

女孩把刚从幼儿园学到的舞蹈跳给爸爸看，爸爸看完后笑得肚子都痛了，最后给了女儿一句评价："宝贝，你的舞蹈好奇怪呀！"

女孩拿出自己画的第一幅画对妈妈说："看，妈妈，这是我画的西红柿。"妈妈马上笑了，说："宝贝，这怎么是西红柿呢？西红柿是圆的。"

……

女孩是很敏感的，作为她最亲近的人，父母都这样对待她的作品，这对她的心理将会造成很大的伤害，会严重地打击她的积极性，甚至将阻止她沿着自己天赋的道路继续走下去。

一只小猴子不幸掉进了猎人的深井，它不甘心束手就擒，就拼命地往上爬。井口聚集了很多小动物，大家都对小猴子的遭遇表示同情，不由自主地为小猴子担心："猎人的井这么深，它怎么可能爬上来呢？""小猴子不可能爬上来的……""是啊，不可能不可能……"受到大家的打击，小猴子的勇气被一点一点地打消了，它越来越觉得自己真的不可能爬出去。终于，小猴子筋疲力尽，手一松，掉了回去。

就在那只小猴子掉进深井的一个月后，又有一只小猴子失足掉了进去。这一次，小动物们更难过了，它们纷纷断言："一定是没有希望了。""不可能不可能……可怜的小猴子……"议论声越来越大了，这一次再没人坚信小猴子能爬出来了。然而，这只小猴子却非常执著，不管大家说什么，都不能影响它向上爬的决心。

一步，两步……再爬一步……终于，小猴子爬出来了！小动物们太惊讶了，这个小猴子怎么可能创造奇迹呢？大家纷纷围住它，向它讨教胜利的秘诀。然而，小猴子却什么也没有说，因为它根本就不会说话。原来，这个小猴子是一个聋子！

对于刚刚掉进井里的小猴子来说，掉进井里并不可怕，即使它不是攀爬冠军，但它可以学习并练习攀爬。但最可怕的就是那些消极的声音，最终那个有听力的小猴子被消极的声音打败了，而没有听力的小猴子却顺利地爬出了那口井。

对于敏感的女孩来说，消极的声音对她的危害更大。也许就是因为妈妈说了她一句“你唱歌真难听”，她就会从此拒绝唱歌；也许正是因为爸爸说她跳舞奇怪，她从此再也不肯碰那双舞鞋；也许正是因为别人嘲笑她画的西红柿什么都不像，从此她便会放弃当画家的梦想。

在培养的过程中，家长都认为女孩天性弱小、敏感，需要给予更多的爱护，使她们免受苦难。这种“呵护的陷阱”也不是父母爱女孩的正确方式。

女孩小的时候，她们也想像男孩一样爬树、登高，也想放学以后几个同学一起去“探险”，父母会很担心。这样的态度，其实在向女孩子传达这样一个信息：“你是弱者，需要别人保护。”这样的结果会使女孩产生自怜心理，长大后会很自卑。

呵护小公主要理智，适合女孩的爱才是正确的，才能培养出优秀的女孩。理智的爱，应建立在了解的基础上，缺乏了解，爱就会盲目。爱也包含着尊重女儿的想法和意愿，没有尊重，就没有信任，也不会培养出乐观、自信的女孩。

因此，父母要给女孩更多理智的爱，就要让她们去尝试想接触的事物，去感受跌倒的滋味，并从中学会吸取教训，知道在困难面前应该怎么去面对。这样女孩才能成长为独立自信的现代女性。

徐式蕴是一位普通家庭里长大的女孩，父亲是位从事教育工作30余年的教师，母亲是名电力公司的职工。1985年出生的徐式蕴，一年级读了两个月后便跳级到二年级，16岁考入燕山大学电气工程学院。2005年凭着优异的面试、笔试成绩和良好的心理素质，徐式蕴成为北京大学力学与工程科学系在全国招录的5名"直博生"中的一名。当许多人都在艳羡徐式蕴的成绩时，父母却清楚地知道："正是女儿这十几年的铺垫成就了她大学4年的闪光，也成就了她比其他人'提速'好几年的读博机会！"

在女儿小的时候，父母就开始了对她的培养，教她识字、练习表达能力、学习计算，在益智游戏中培养她的动手、动脑能力和吃苦耐劳的精神，注重女儿对各种知识的整合，引导她走进书的海洋，培养她的学习兴趣和求知的欲望。同时他们非常注重言传身教，因为他们知道自己的一言一行都会给孩子留下深刻的印象。

这些教育使徐式蕴从小就拥有了乐观向上、积极进取的心态。16岁高考后，由于填报志愿失误，她填报的几所重点大学都没有录取她。这对人生道路一直很顺利的徐式蕴来说，是一次不小的打击。看着同学们纷纷收拾行李准备去大学校园了，徐式蕴心里很不是滋味，但她仍旧很乐观，她在日记中写道："窗外的一切都是那么的静谧与安详，一缕阳光透过玻璃窗，照射在我笔记本的首页，那上面两个大字‘追求’在阳光的照耀下熠熠生辉。是的，人活着，不能没有追求。这句话将伴随着我直到永远。”

参加复课一个月后，传来了燕大补录的消息。父母鼓励女儿：“不管什么地方都能成才！”于是徐式蕴调整了心态，进入燕山大学电气工程学院学习，她立志读完本科一定要考研，实现自己的理想。4年中她不但学习成绩一直保持在前两名的位置，同时也是燕大足、篮、排球队的队员，是真正全面发展的人才。

父母的悉心教育和理智的培养成就了徐式蕴。徐式蕴在日记中写道：“从小父母就关心我的全面发展，锻炼我的自控能力，从来不要我追逐功利性的名次，即便在高考发挥不好的时候，他们也没有给我太大压力。在父母的影响下，相对于同龄人，我有着很好的心理素质和身体素质。即使在北大口试时，面对很多专家学者照样镇定自若，一点思想负担也没有，这些应该归功于父母对我从小的培养。”

因此，在养育女孩的过程中，父母一定要给予女孩更多理智的爱。这样她才能成长为一个自信、坚强、乐观的优秀女性。

第四辑　培养小天才，家长有妙招

欧美家教四大法宝

一、博览群书

弗朗西斯·培根指出："读史使人明智，读诗使人聪慧，演算使人精密，哲理使人深刻，道德使人高尚，逻辑修辞使人善辩。"

卢梭的父亲，在工作台上一边工作，一边教3岁的卢梭读《古希腊罗马英雄传》。然后，在他督导下，卢梭在7岁前已经啃完了《教会与帝国历史》、《世界通史讲话》和《宇宙万象讲解》以及莫里哀的戏剧。博览群书使卢梭获得了阅读能力和理解能力，发展了才慧、想象力和悟性，激发了使命感、荣誉感和责任感，最终成为一位伟大的启蒙思想家、文学家。

二、发掘天赋

天赋是人的一种与生俱来无师自通的天生素质。人的天赋在母胎中初具雏形。天赋是天才人物的首要素质，人的天赋不可造就，却能发掘。

小卡尔·威特是德国著名的神童，原本被医诊断为弱智儿，但是在其父亲老卡尔·威特的教育之下，9岁时精通6国语言，14岁取得博士学位，16岁当上大学教授。这种化平庸为天才的关键就在于父母对孩子的早期天赋开发。

从得知妻子怀孕开始，老卡尔·威特就进行了一系列的胎教。当早产的儿子被医生测定为低能儿时，老卡尔·威特依然坚持要把儿子培养成天才。第一步，就是强健孩子的体魄。第二步，便是不遗余力地尽早挖掘儿子的天赋。老卡尔·威特认为，必须要训练婴儿的感官，进行早期教育。如果不尽早开发婴儿时期所具备的能力，孩子就会失去这些天赋，甚至再也无法培养起来。所以，他在儿子出生后15天就开始训练其各项能力，以有趣的事物来引起儿子兴趣，用完整的语句训练他的语言能力，以丰富的情绪培养健全人格。在老卡尔·威特的不懈努力下，小威特在三四岁时就会背诵品德方面的诗歌。稍大些后，小威特已经可以完成许多成人也不一定能完成的游戏。也正是老卡尔·威特的早期教育，才造就出小卡尔·威特这位享誉欧洲的全能天才。

三、激发荣誉感

孩子的荣誉感往往在父母的激发下才渐渐奠定。欧美的家长在一起聊天时会说："我的女儿伊丽莎白就是拿奥斯卡奖的料。""嗨！小威廉绝顶聪明，50岁能得诺贝尔奖。"

哈罗德·麦克米伦的母亲萨拉二十年如一日地告诫他："麦

克米伦，你跟别的孩子不一样，你将来要当英国首相的！”在母亲的自小要当伟人的荣誉感的激励下，麦克米伦奋力拼搏、潜心求索，终于在1957年至1963年两度荣任了英国首相。

而弗洛伊德的荣誉感则来自犹太式的家教。他才6岁，父亲就告诉他：一千多年以来，我们犹太人一直处于被驱赶、压迫、剥削、的悲惨境遇，但犹太人为何还能长期生存下来？犹太人为何操纵着社区的、国家的，还有全世界的银行、货币供应、经济和商业？因为，犹太人有百倍的勤勉、拼搏、明智和节制。正是在这种卧薪尝胆发愤图强的犹太式荣誉感的激励下，弗洛伊德最终为人类创立了“精神分析学”和“性心理学”。

四、树立独立人格

诺贝尔文学奖得主诺伯特·罗素鞭辟入里：“那些在童年遭受孤独的人要比受到宠爱的人日后更会成功；一个不具备精神独处能力的人，不可能成为伟人。”

在1979年5月，撒切尔夫人作为英国女首相搬进举世瞩目的唐宁街10号时说：“我的一切成就都归功于我父亲罗伯茨先生对我的教育培养。”当撒切尔夫人才5岁时，父亲就教导她：凡事要有自己的主见，用自己的大脑来判断事物的是非，千万不要人云亦云。在日常生活中，罗伯茨着重培养女儿“严谨、准确、注重细节，对正确与错误严格区分”的独立人格。正是罗伯茨对女儿独立人格的培养，才使撒切尔夫人从一个普通的女孩，最终成为一位连任三届的英国首相，成为世界政治舞台上叱咤风云的政治家。

“神童”的培养离不开早期教育

所谓“神童”，是指在同龄的儿童中智力发展比较高的，古今中外报道的神童可谓多矣。苏联有个11岁的孩子写出一本小说，并出版发行了几十万册。英国有个5岁的小女孩能创作诗歌，还有个8岁的女孩竟能说5种语言。我国古代的神童要算秦时的甘罗了，他12岁就当上了宰相；曹植7岁能诗；王勃6岁善于文辞，9岁读《汉书》，不到20岁写出了著名的《滕王阁序》。在国外，奥地利作曲家莫扎特6岁主演演奏会；德国作曲家贝多芬，13岁创作了三部奏鸣曲；巴西有个6岁的幼儿，写了一本60页的书，已经出版，并受到广大读者的欢迎。近年来。我国报刊上也时有关于“神童”的报道。湖南省有个一岁零十个月的幼儿陈铁佳，能认识800个汉字；山西省有个11岁的孩子申克功，可以心算十几位数的加、减、乘、除、乘方和开方，速度竟跟得上用手操作的电子计算器。

我们知道人的聪明智慧由大脑决定，大脑形成和功能发育主要靠蛋白质的供应，胎儿出生前的3个月和婴儿1岁之前，是大脑发育的最高峰，这时期提供足够的营养，智力能力发育将是很惊人的。科学家证实，一般幼儿2岁就有语言思维活动，4岁就有成人智力的50%，8岁可达到80%。神童的大脑发育在这时期受一定影响，他们表现出惊人的智慧也是在某一个方面，如果不继续培养教育可能会成为仲永式的人。离开了后天的环境，神童就不“神”了，可能成为普通人甚至是智力低下的人。由此而知，先天因素（包括遗传）与后天的教育分不开。脱离了后天的教育，神童的天才将会被淹没。

中国科技大学少年班的调查表明，“神童”的出现和成长离不开家庭良好的文化熏陶，这同父母正确的期待、早期教育、家庭教育有着十分密切的关系。

早期教育是指比常规教育时间提早一点实施的教育。早期教育能否造就人才，关键在于能否激发孩子的潜在能力，然而潜在能力是遵循着一种递减规律的。

比如生下来具有潜在能力的孩子，如果一出生就进行理想的教育，就可能成为具有100分能力的人；若从5岁开始教育，即使是理想的教育，也只能成为具有80分能力的人；若从10岁开始教育，就只能成为具有60分能力的人。就是说，教育要越早越好，早期教育实施得越晚，孩子生下来所具有的潜在能力发挥出来的比例就越少。人一生中学习潜力最佳的时期不在大学时期，也不在幼儿时期，而是必须从出生开始就进行适当的训练。

人具有发展各种心理能力的可能性，但发展并不等速，且有着不同的关键时期。人的多个发展关键期多处于儿童时期，如语言学习最佳时期在5岁前，学习乐器的关键期在4～5岁，优秀的品德亦应从早期开始熏陶。若能配合最佳时期的教育，就会取得较好的效果，错过关键期，就会失去发展能力的机会。

目前，早期教育已经引起了世界各国的关注，因为所有父母都希望孩子成才。早期教育对孩子的智能发育至关重要，有研究表明，学龄前儿童有惊人的学习潜力，而且具有一定的关键期或敏感期。不失时机地抓紧实施早期教育，可以最大限度地挖掘孩子智力和潜能，使他们变得更加聪明和出众。无数事实证明，接受早期教育的孩子，比不接受早期教育的孩子更聪明、更健康，日后的成长也更快乐。

特长教育的误区

现在，家长都十分注重对孩子进行特长教育，但是由于某些家长在思想认识上的错误，致使特长教育进入了种种误区。

误区一：一厢情愿。

进特长班学习，对于许多孩子来说都不是心甘情愿的，有相当一部分是由家长“一手包办”的，不少孩子对究竟该学什么好、自己是否适合进行特长教育等问题都心中无数，报名参加特长班的学习完全是家长的一厢情愿。如此，若孩子对所学的内容缺乏学习兴趣，这不但收不到应有的教育效果，反倒会阻碍孩子情商和智商的正常发展。

误区二：贪多求全。

一些家长盲目认为多学总比少学好，今天让孩子学钢琴，明天让孩子学美术，过两天又让孩子改学书法。不堪重负的孩子，平时忙，双休日也忙，除了要完成学校布置的家庭作业外，还要忙写字弹琴或绘画，难怪有些孩子会发出这样的感慨：放学后，我宁愿被老师留下来也不愿立即回家！

误区三：方法不当。

特长教育对孩子来说，的确有其积极的一面。但是，孩子毕竟是孩子，贪玩好耍是他们的天性，而且他们的兴趣与爱好都具有较大的可变性，今天喜欢的东西，明天也许就不再喜欢了。因此，家长要注意因势利导，激发孩子的学习兴趣和学习欲望。但事实上相当一部分家长却没有做到这一点，当孩子对学习生厌时，家长不是循循善诱地加以引导，而是采取强迫压制的办法逼着孩子继续去学，结果往往事与愿违，这正好应验了那句老话："强扭的瓜不甜。"

要走出上述误区，应从以下两方面着手。

其一，需要家长们端正认识。

孩子不同于大人，不能用成年人的标准去要求孩子，让孩子接受特长教育，应该根据孩子的心理特点加以引导。只有这样，才能达到家长所期望的效果。同时，家长还应该明白，儿童教育的内容极为广泛，包括知识教育、品德教育以及技能教育等多个部分，特长教育只不过是其中技能教育的一个组成部分。家长不宜将其看得过重，而应该将其看做对学校教育的一种补充，在孩子力所能及的情况下进行，以免产生"喧宾夺主"的不良后果。

其二，还需要有正确的教育方法。

特长教育不同于学校教育的地方，在于它主要是培养孩子对某些技能学习的兴趣和欲望。因而在教育过程中应有张有弛，松紧有度，给予孩子足够的自由活动的时间和空间，使孩子在玩中求学、在学中能玩，如此，才能收到良好的教育效果。

培养孩子的创新意识

父母都有一个希望，就是自己的孩子聪明、听话。可是，事实往往就是这样，聪明的孩子不一定听话，听话的孩子不一定聪明。教师也有这样的经验，尤其是在中小学期间，老师喜欢自己的学生听话，少给自己找麻烦，可是他们更清楚，过多地要求孩子们听话就会妨碍孩子的智力发展。

由于父母和老师喜欢孩子听话，所以勇于说出自己不同意思的孩子通常就不受欢迎。

发现“万有引力”的牛顿，少年时代很少和同龄的孩子一起玩耍，而爱独立摸索研究事物，他在学校里曾被讥讽为“乡巴佬”。

发明“相对论”的爱因斯坦的座右铭之一就是“从他人的意见中独立出来”。

这两位大科学家的发明和创见，正是他们能够独排众议，独立思索的结果。当然，要求所有的孩子都这样做是不容易的，也是不现实的。因为很多孩子都很难顶住外界的冷嘲热讽和各种压力。有一定的执著，才可能有一定的创造力。

这个道理可能很多父母都能够理解，可是很多父母还是喜欢自己的孩子在家里言听计从，在外不“标新立异”。当自己的孩子与别人的意见不合时，父母担心因此让孩子背上“不合群”的骂名，遭受被人讨厌的后果。这实际上是强迫孩子屈从大家的意见，是不利于孩子创造力的发展的。

法国人的做法值得学习。他们认为，容易受别人意见左右的人没有主见。因此，他们积极鼓励孩子发表不同的意见。我们发现，法国人喜欢孩子相互讨论问题，通过这种方式来锻炼孩子的处事能力。

因此，在孩子反对父母的意见时，我们不应轻易地责备孩子不听话。如果孩子的意见是错误的，也应该耐心地说明、解释。这样，才能让孩子有主见，有创造性的思想。

中国是一个具有几千年封建历史的古国，封建意识在很多父母的脑中还很强。其中之一就是要求孩子顺从父母，做个“听话”的孩子，甚至有相当一部分父母是容不得孩子“犯上作乱”的，更容不得孩子反驳自己。

殊不知，这样在很大程度上不仅打压了孩子的创新思维，更束缚了孩子的个性发展，长此以往，孩子如何能得到发展，如何具有创造力呢？

现在时代不同了，再要求孩子们百依百顺也是很难做到的，而且这样的做法也不一定正确。孩子们有时的反对或者有不同的意见并不一定就是什么大不了的错误，更不是对大人的不尊和不敬。我们日常生活中的许多事物本来就“可以是这样做，也可以是那样做的”。如果一味以大压小地约束孩子，那你的孩子长大后只能是温顺听话而没有创新思想甚至是没有个性的。

看下面这则小故事：

一次，一位母亲叫孩子买米。女儿拿了两个提包准备出门，母亲看见，把女儿叫住了：“你怎么不拿小推车去推呢？还拿两个提包？”

女儿说：“我拿两个提包，一手提十斤米就提回来了，何必还推什么车呢？”

母亲却坚持说：“当然是推车子方便得多啦，就推车去！”

其实，这个争论完全是没有必要的。可能母亲的说法更合理些。可是女儿喜欢用手提，就让她提好了。如果真正感到吃力了，那下次不用大人提醒，她也会自己要用推车的。但如果是母亲一意孤行非要把女儿的“错误思想”硬生生改过来，效果一定欠佳。一是不尊重女儿的想法，给孩子留一个母亲固执的印象；二是让孩子得不到应有锻炼。

还有这样一个故事：

一个十四五岁的男孩子，来到青春的路口，似乎有那么一条小路若隐若现，召唤着他前进。

他的母亲拦着他说："孩子，那条路走不得。"

孩子说："我不信。"

母亲说："我就是从那条路上走过来的，你怎么还不相信？要知河深浅，得问过来人。"

孩子说："既然你可以从那条路上走过来，我为什么不能走？"

母亲说："我不希望你走弯路。"

孩子说："我喜欢，我不怕！"

母亲想了很久，看了孩子很久，终于叹口气说："好吧，你这孩子太倔强了，那条路很难走，一路多加小心。"

孩子雄心勃勃地上路了。在路上，孩子发现母亲没有骗他，那的确是条弯路。孩子碰了壁，摔了跟头，有时碰得头破血流，但是他不停地走，终于走了过来。可是这一走就是多年。

他坐下来喘息的时候，看见一个女孩，自然也很年轻，正站在男孩当年出发的路口准备出发。

男孩忍不住喊："那条路走不得！"

女孩不信。

男孩说："我母亲就是从那条路上走过来的，我也是。我知道那条路不好走！"

女孩说："既然你们都从那条路上走过来了，我为什么不能？"

他说："我不想让你走同样的弯路。"

女孩说："我喜欢！我愿意！这是我选择的权利。"

男孩看看女孩，又看看自己，然后笑了：“一路小心。”

几千年流传下来的经验不是没用，而是很多人不会用，特别是年轻的一代，很多事情都要他们自己去感悟。中国人喜欢给孩子讲大道理，这些道理虽然有理，但很空泛，不少孩子都不听；而西方人喜欢实际，鼓励孩子去体验，去冒险，虽然不一定正确，但是很多孩子喜欢自己去发现。感悟是一辈子的事情，让孩子学会感悟，是一种很好的方式。

同时，一个人只有对生活有自己的看法，才能充分发挥创新意识，也才能肯定自己的生存目的和价值，并最终通过自己的努力达到自己的目的。

鼓励孩子创意发展的15个好方法

孩子的好奇心是十分珍贵的，家长一定要呵护好这一点，让孩子在好奇心的促使下产生更多的想象力和创意。

孩子出于对事物的好奇，可能会把路边拣来的石头、树根、树叶当做宝贝，或是把一个完整的东西大卸八块。家长们最好不要阻止。因为在这个过程中，孩子学会思考、分辨事物，学会自己动手。倒是对任何事物都没什么创意的孩子更令人担心，这类孩子可能是受到过度的干涉或保护，失去自由的创造力，所以孩子的创意无法发展。

一、换家餐馆用餐

孩子吃惯了某家餐馆的饭菜之后，你可以带孩子到另外一家从未光顾的餐馆去尝一下。也许会很难吃，也可能有意想不到的美味。

二、偶尔吃点野菜

食物不只在超市和菜场有售，还可以和孩子一起采集，比如弯曲的蕨菜嫩芽、红红的野生悬钩子、香喷喷的野葱、酸酸的虎杖，还有蒲公英、玫瑰花、槐花……勇于尝试不一样的东西，是创意的本质。

三、放学换条小路回家

散步的时候，父母带着孩子，经常地离开习惯的区域，而朝从未去过的区域前进，让孩子感到他总是在寻找新的“探险”。

四、改在傍晚散步

城市的夜晚和白天是不一样的。偶尔和孩子晚些出门，让孩子因为发现有很多和白天不同的事物而惊讶不已。

五、像狗狗一样去爬山

有没有看到过狗狗是怎么爬山的？它们对每丛灌木都会饶有兴趣，把鼻子伸进去摸索一遍。很有可能，它们发现的事情比我们要多很多。学着像狗狗那样的散步，从脚底会发现更多的东西，比如冬眠的蟾蜍、蛇蜕、羽毛。在这过程中，我们也能获得更多的乐趣。

六、去淋雨

穿上雨衣和套鞋，看看雨丝如何改变了城市的面貌。一起出去找水坑，踩得水花四溅，看看双脚跳和单脚踢会制造出怎样不同的水花。再看看水里的倒影，倒过来的世界会有多奇妙。

七、换种交通工具

如果你们一家都是自驾车旅游的爱好者，不妨偶尔放弃这种习惯，改为带着孩子骑自行车出游，换个速度和高度看看世界，一定有些新的收获。

八、买份新的地图

选择一个陌生的地点，过去看看。和孩子一起看看陌生地方的陌生人是如何生活的，有什么独特的风景，他们的菜场是什么样的……再确定新的目标，就是要在年底之前要拜访的几个地方。

九、提供丰富的图书资料

图书里有丰富的天地，从火星上的日出到马里亚那海沟底部的管形虫，应有尽有。让孩子了解更多不一样的生命和各种奇迹，这对发挥创意是很好的刺激。

十、给孩子一个盒子

忘了新玩具吧！给你的孩子一个空盒子就会让他很高兴，盒子上不要有钉书钉或锋利的毛边。奇怪的小石头、漂亮的树叶、空瓶子……孩子会有自己的“所罗门王的宝藏”，不断从平凡事物中发现不一样的特质。

十一、去动物园

不管你对把动物关在笼子里有什么看法，动物园确实给孩子提供了接近野生动物的机会，让图书上的动物活生生出现在眼前。如果孩子对猴子的午餐或北极熊的皮毛有什么疑问，你们可以一起去寻找答案。

十二、做个豆芽菜头

如果孩子对植物是怎么长出来的有兴趣，就鼓励孩子拿个空鸡蛋，截去顶部，洗净。在蛋壳上画上小花脸。在蛋壳底里放上湿润的棉花，然后撒几粒绿豆，将蛋壳放在窗台上，每天浇水，等着豆芽长出来。

十三、开设小鸟餐厅

在窗台下固定一块木板，耐心、定期地添放些饼干屑、谷物、葡萄干、坚果等，吸引城市里的麻雀、鸽子、白脸雀等来“吃饭”，然后你就可以和孩子一起研究鸟儿的生活了。

十四、和爸爸一起做些家务

不管是儿子还是女儿，都可以让他们和爸爸一起把电扇拆开，擦干净再装回去。虽然他们多半只能递个工具、捏着螺丝什么的，但这也可以让他们对机械有些创意。

十五、学些新东西

学些新的玩意儿，吹口哨、打水漂、在小溪上筑道小堤坝、榨橘子汁、手影游戏、绷绳子、丢沙包……不要拘泥于性别，让孩子知道总是有许多“新的世界”等待他去征服。

扼杀创造力的14种行为

家长都希望孩子富有创造力，其实，孩子在很小的时候就显露出独特的创造力了。但是，家长一定要注意自己的言行，千万别扼杀了孩子的创造力。

培养孩子的创造力，家庭最重要。孩子独特的创造性在很小的时候就显露出来了。研究发现，7个月的婴儿能够将所学动作重新组合来解决问题。父母的教育观念、教养行为、兴趣爱好、生活方式均与孩子的创造力发展密切相关。

一段时间以来，辰辰成了“破烂王”，总喜欢从家里的废纸篓里或外面的垃圾箱里翻腾破烂，还兴冲冲地把“破烂”带回家，搭建他心中的“小红帽森林”、“圣诞树”，还有“阿里巴巴的藏宝洞”。辰辰妈想：这多不卫生啊，太丢脸了！宝宝真怪，骂了他多少次，给他买了真的“圣诞树”和“阿拉伯王宫”，可他还是往家里拖破烂，烦死了。

其实，孩子的创造力和潜能是超出我们想象的，挖掘得当，你就能培养出天才孩子哦。对照这扼杀孩子创造力的 14 种常见行为，尽量避免犯错吧。

1. 帮孩子做所有选择。不给孩子创造独立解决问题的环境，剥夺他自我发展的机会。这样看似减少了孩子犯错误和失败的机会，却在无形中扼杀了孩子的创造力。

2. 错用物质奖赏。“如果你听话，妈妈就给你买好吃的”。为了诱惑孩子做事，妈妈用物质奖赏来给予鼓励。事实上，当孩子纯粹为了兴趣而做时，会更有创意，也更加享受其中的美妙过程。

3. 让孩子参加等级评定。当孩子学习了一些艺术知识后去参加相应的评比活动时，乐趣就变成了一种任务，孩子会慢慢丧失对事物本身的乐趣，这对创造力是一种扼杀。

4. 敷衍孩子的提问。孩子的问题难免有些幼稚，但你也不能不耐烦，敷衍了事，还得认真解答。

5. 监视多于关注。孩子不是你监视的对象，你要做的是多关注，少说话。

6. 制止孩子的探索行为。孩子总是按自己的行为方式不断探索着世界，免不了破坏一些东西。但是在“破坏”中，孩子满足了好奇心，发挥了创造力，达到了学习和练习的目的。

7. 给孩子不恰当的玩具。很多所谓的高科技产品，似乎能开发智力，但其实给予孩子的都是单一的一维的刺激，会限制想象力的发展。

8. 打断孩子玩耍。看孩子玩橡皮泥，过不了一会儿你可能会感到很无聊，于是打断孩子，要带他玩别的。这可是不对的，要知道，当孩子为正在玩的东西而激动时，他会学得很好。

9. 不允许孩子犯错误和失败。孩子犯错误是正常的，你应该和他一起找出原因，并且改正。

10. 过度赞美。请明确告诉孩子他哪里做得好，说具体点，不要笼统说他有多棒，因为创造性是不能被度量和评估的。

11. 妄下定论。孩子心中的作品，有时并不像你看到的那样。没准孩子做的是一只河马而你却说成了狮子，所以不要胡乱定性，限制他的思维。

12. 拿孩子与别人比较。每个孩子在身体、智力、情感、社会能力等方面都有着非常大的差异，所以，不要把别的孩子当成你孩子的标杆和榜样，如果被规定了固定的发展方向，孩子前进的脚步就会放慢。

13. 大量灌输知识。忽视孩子兴趣而大量灌输知识，会使孩子的大脑像计算机一样出现“死机”。孩子如果失去自主思考的能力，也就失去了创造的能力。

14. 规范标准答案。如果孩子给出的答案不合乎要求时，你千万不要给出标准答案纠正。如果答案只有一个的话，孩子的思维就失去了自由，更谈不上创造了。

那么，我们又该如何培养孩子的创造性思维呢？

其一，不要有问必答。孩子的好奇心非常强烈，他会不断提出“是什么”和“为什么”的问题。对待孩子提出的问题，不要“有问必答”，有些问题可以鼓励和引导他自己思考，寻求答案。

其二，要适时赞美孩子的创造性。孩子的创造潜能表现在日常生活中，你只要用心观察他的日常表现，就可以发现他的创造力。

其三，教孩子有趣地解决问题。在日常生活中，孩子常碰到一些小困难、小问题，这时，不要急于帮他解决，而是让他自己想想办法。

其四，给故事编结尾。给孩子讲一个没有结尾的故事，让他发挥想象自己编个结尾。

其五，为孩子创造想象的条件。给孩子提供道具，如卫生纸卷芯、帽子、衣服等，通过和孩子玩游戏的方式，让他开动脑筋，进行有意义的想象。

注重培养孩子的职业意识和素养

未来社会是一个充满竞争的环境，专业化、职业化是发展方向，所以要培养孩子朝一个职业方向努力的意识，培养孩子的职业素养是很重要的——这是做事专一的一种延伸。

父母和孩子聊天时，经常问他们长大以后的理想是什么。无论孩子的理想多么遥远、多么伟大，理想都应该是具体的，是通过从事一定职业来实现的。把孩子培养成才，从某种意义上说，就是让他们专心从事某一方面的工作、具备某一方面的专才，在职业上朝着专业化的方向努力。

因此，当孩子表现出音乐上的天赋，并想在音乐方面有所发展时，父母就应该从小培养孩子这方面的专长；当孩子对技术发明充满兴趣，并且喜欢摆弄一些家用电器，喜欢进行科学实验时，父母就应该带领孩子多到科学馆参观；当孩子在搭积木时会创造花样繁多的建筑物时，父母就应该多收集一些世界知名建筑的图片给他，开阔他的视野……总之，引导孩子培养职业意识，确立某方面的职业素养，对他们一生的成长和发展都是非常有利的。

德国青年拜尔是一个兴趣广泛的年轻人，他喜欢听古典音乐和摇滚乐，还经常到法国、奥地利、瑞士等国家旅游，周末的时候则约上几个好朋友去登山或滑雪……但是，当拜尔回到公司以后，就全身心地投入工作中去，既兢兢业业，又业务熟练。

其实，这是未来社会一种普遍的工作和生活方式。一方面，人们在工作中表现出热情和高效率，另一方面又惬意地享受生活。显然，这是个人职业化、专业化发展的结果。

父母要了解孩子，帮助他们找到自身的潜能，确立自己的理想位置。父母要努力为孩子提供良好的教育，而不是让他们都挤进大学。事实表明，真正的教育是因材施教，孩子在专长的基础上努力奋斗，才能真正学有所成，实现专业化。目前，我国大学毕业生存在一种怪现象——“毕业即失业”。不可否认，其中的原因是多方面的，比如就业人数多、就业环差、竞争压力大等。但是，职业化教育缺失，孩子缺乏职业素养，也是不容忽视的原因。而这种教育是要从小进行的，伴随孩子成长的整个过程。

德国的马克斯·普朗克教育科学研究所是全德国最重要的教育研究机构之一。它的工作重点是：研究儿童入学前在家庭中的社会活动，进而从不同角度研究教育、劳动、经济之间的关系，特别是研究职业教育问题。

在教育孩子方面，有一个通俗的说法是“从小看大”，意思是从孩子小时候的表现，就能预见到孩子未来的表现，甚至是可能从事的职业。所以，父母要注重在家庭教育中引导孩子朝某一职业发展方向努力，为他们早日成功奠定基础。

有人进行过统计，在教育发达的德国，在15～18岁的青少年中有60%以上接受过高素质的职业训练，政府为此制订了《职业教育法》、《青少年劳动保护法》等。随着社会分工变得越来越精细，众多职业对劳动者的专业素质的要求也越来越高。因此，父母应该在家庭教育中培养孩子的职业道德、增强孩子的职业素养，真正做到未雨绸缪。

在家庭教育中，在兴趣的基础上培养孩子的职业意识和职业素养，更能够被孩子广为接受和欢迎。更重要的意义在于，它不仅仅在于让孩子早日掌握一种安身立命的技能，还可以让孩子早日发现个人潜能，将天赋与职业挂钩，做到孩子潜能的最大开发，才能对未来有的放矢，达到完善自我的目的。

4个方法促进婴幼儿记忆力发育

宝宝出生后两三天就有一定的记忆能力。尽管随着年龄的增长，宝宝的记忆能力会获得自然的发展，但有目的、有计划的培养能有效挖掘宝宝的记忆潜力。

每一位爸爸妈妈都希望宝宝拥有较强的记忆能力，因为记忆能力对宝宝未来的学习和日常生活至关重要。专家指出了宝宝3岁前记忆的特点，希望对父母们有所启发。

特点一：3岁前宝宝的记忆富有情绪色彩，特别容易记住那些使他们愉快或令他们悲伤、气愤的事情或情景，以及其他引起他们情绪反应的事物。

在听故事、儿歌时，宝宝往往特别容易记住最有感情的那些句子，比如《小鸭子游泳》这首诗，宝宝听后首先记住的是“小鸭子摇啊摇，扑通一声跳下河”，诗句中“摇啊摇”、“扑通一声”等语言形象生动，能引起宝宝情绪上的反应。还比如第一次高高兴兴去外婆家的情景，他能记得很久很久。宝宝的这种情绪记忆大约开始于出生后6个月或更早些。

特点二：3岁前宝宝的记忆内容在头脑中保留时间较短，一般不会超过一年。

研究表明：宝宝见过的事物重新出现在眼前时，1岁以内的宝宝只能认得几天以前的事物，2岁左右的宝宝只能认得几个星期以前的事物，3岁左右的宝宝可以认得几个月以前的事物。宝宝见过的事物不在眼前时，1岁以内的宝宝不能回忆起来，2岁左右的宝宝可以回忆几天以前的事，3岁左右的宝宝可以回忆几个星期以前的事。比如爸爸在外学习一年后回到家中，小宝宝可能就不要爸爸抱，这时爸爸大可不必伤心，因为宝宝的记忆能力有限，他已经忘记了爸爸的形象，把爸爸当成了陌生人。

特点三：3岁前宝宝记忆带有很大的随意性，没有目的和意图，凡是感兴趣的、印象鲜明的事物就容易记住。

生活中爸爸妈妈可能经常遇到的情景是：自己的某件东西不知放到哪儿去了，若宝宝在身边，你边找边嘀咕着“我那东西放哪儿去了呢”，这时他可能一下子就能帮你找到（前提是：你放置东西时宝宝在身边）。你可能会觉得非常奇怪，为宝宝非凡的记忆力而喜出望外，其实这些都是宝宝的无意记忆，而且宝宝非常擅长无意记忆。

特点四：宝宝记忆内容在脑中保存时间的长短受多种因素影响。一般而言，影响儿童记忆力的主要有以下几种因素。

1. 对记忆对象的感知程度。看得听得越清楚、越仔细、越完整，在脑中保持时间越长。

2. 宝宝的知识经验和对事物的理解程度。知识经验越丰富，越有助于宝宝对事物的理解，而理解越深的事物记的时间就越长。

3. 宝宝的情绪状态。宝宝对在积极的情绪状态上体验的事物或引起宝宝积极情绪体验的事物记的时间较长。

4. 记忆对象的特点。引起宝宝兴趣的、形象生动鲜明的事物，在宝宝脑中保存的时间更长。

10个方法开发孩子的语言天赋

从小开发孩子的语言天赋是一件十分重要的事情，这既是孩子必修一种与人交流的方式方法，也是孩子快速了解事物、顺利踏入社会、开始“社交”的第一课。那么，如何才能开发孩子的语言天赋呢？以下几点可作为参考。

一、注意说话技巧

使用标准中文发音，因为标准发音与将来孩子入学后阅读及语言学习的衔接较为连贯。当孩子刚开始学习说话时，父母对孩子说话应清晰且标准，让孩子有正确的学习范本。

二、创造丰富的语言环境

语言发展与环境有密切的关系，因此家长在照顾孩子时，应尽可能多和孩子说话。例如洗澡时可跟孩子说“先洗洗胳膊”，“你的小脚丫在水里”等。从孩子6个月开始，家人可以带着孩子一起阅读，给他讲故事，让大量的词汇不断进入孩子的耳朵里。当孩子主动要求爸爸妈妈念故事书时，家长最好能回应孩子的要求，并且重复地念给孩子听，让孩子养成阅读的兴趣。

三、让孩子听儿歌、看卡通动漫

孩子非常喜欢具有节奏的韵律及跳动的画面，建议家长可以带孩子跟着音乐或画面一起唱唱跳跳。虽然孩子不一定懂歌词的含义，但对于律动的学习和练习，他们会非常喜爱，这无形中也可培养孩子区分字、词、音节的能力，对孩子日后学习发音有很大的帮助。

四、让孩子回答问题

多与孩子对答，常问孩子“这是什么”，“你喜欢爸爸妈妈对不对”等。鼓励孩子尽量用完整的句子回答，以取代“是”或“不是”的简单答案，借此培养孩子认真听别人说话的能力，亦可学习大量词汇。

五、让孩子参与买东西

经常带孩子外出购物，和孩子一起挑选物品，即使只有少量物品，也能让孩子有参与感，让他们了解商品名称，并学习更多的词汇，还可以借此增加孩子的记忆与观察能力。

六、增加亲子互动的户外活动

孩子对于外面新鲜的事物很好奇，不妨尽量多带孩子出去走走，让他们能学习更多的事物。回家后，家长要和孩子讨论外出时发生的事情。孩子都喜欢外出活动，他们也会牢记外出时对于他们来说比较特别的事物，而且通过反复的行为，可以让孩子学习更多的词汇。

七、给孩子编故事听

家长可以和孩子讲他曾经做过的事情，虽然孩子不一定有印象，但他会很愿意地认真听你说，例如他曾经怎样在妈妈的肚子里“运动”，出生时如何哇哇大哭，或是什么时候开始第一次叫爸爸妈妈等，通过这个方式可以丰富孩子的想象力，提高他们的表达能力。在没有图书解说的情况下，孩子会听得更专心。因此，建议家长联系身边熟悉的事物或环境编一些动听的小故事，加深孩子的印象和理解语言的能力。

八、帮孩子说完整的句子

孩子牙牙学语时所说的话，大多只是几个简单的词，却包含着很多信息内容，例如“要吃饼干”，“看爸爸”等，他们总希望大人能够理解他们的意思。家长应帮助孩子说出他想说的完整句子，然后让孩子跟着说一遍，教孩子完整地表达所要表达的内容。久而久之，孩子就会说出令你意外的完整的“长句子”。

九、进行适时的鼓励

当孩子会运用新的词汇时，别忘了马上就鼓励他们。要尽可能运用不同的词语进行表扬，这样才会让孩子有动机想要学习说更多的词汇。

十、使用概念用语

对于1岁半以后的孩子，家长配合日常生活所发生的事情，随时让他理解概念用语的含义和用法。例如“上下”可跟他说“把苹果放在桌子上”，“中间”可说“孩子坐在爸爸和妈妈中间”，“快慢”可说“车子跑得好快”等，一旦孩子对这些基本概念有了初步的了解，就能更恰当地使用文字叙述。

还有许多可以提高孩子语言天赋的做法，此处不一一列举。

孩子的语言能力大部分是环境造成的，家长应尽可能在孩子能够发挥潜能时，为他输入更多的词汇。对孩子说的话越多，越能让他提早学会表达。提升孩子的语言智能，其实从出生就可以开始了，唯有你的用心与耐心，才能让孩子学得更快、更好！

谨慎对待孩子的艺术天赋

相信每一位父母都很注重孩子的早期教育和孩子的潜能发展，但是如果用不适当的方法对待孩子的艺术潜能，就有可能把它扼杀在摇篮中。那么下面三点，是对孩子艺术潜能培养时父母需注意的。

一、不要把发展艺术潜能同化为技能技巧的训练

大多数父母希望自己的孩子有某项艺术才能，或至少有点艺术气质，所以必须给予孩子艺术方面的刺激，让孩子的艺术潜能表露出来。这是对孩子潜能不信任的一种表现。著名思想家弗洛姆曾说："诸如艺术天才等这类更特殊的潜能，它们是种子，如果给予适当的发展条件，这些种子就会生长并有所展现；但如果缺乏条件，它们就会夭折。这些条件中，最重要的一个条件是，对孩子生活有重大意义的人要信任孩子的这些潜能。"因此，父母切莫追求单纯的技能刺激，盲目地相信运用某种开发教材或某类教具，就能使孩子的艺术潜能得以发展。与其信任某些毫无根据的发展方案，倒不如信任自己的孩子在一定环境下必将表露他独有的艺术潜能。

二、切莫把孩子的艺术潜能简单定位

即使孩子表现出扭扭唱唱或涂涂画画，也不能简单地推断说孩子的艺术兴趣点就在唱歌或画画上。在孩子的早期发展中，兴趣点有可能是多方面的，因为"儿童的艺术是儿童把握世界的一种方式"，是儿童认识世界、表达自我的一种形式。

因此，过早地、简单地把孩子的艺术表现定位在某个方面，往往会造成孩子片面发展，对大多数孩子来说，强烈的某方面的艺术倾向并不很明显。

大多数孩子在早期的艺术表现是多方面的，在发展的不同阶段可能会表现出不同的艺术兴趣，这也正是有的父母常常抱怨自己的孩子一会儿喜欢画画，一会儿又喜欢弹琴的缘故。父母要仔细观察孩子的艺术兴趣点，找出他的艺术敏感点，然后创造相应的环境，为孩子艺术发展的潜在可能向现实转化提供条件。

三、孩子艺术潜能的发展重在艺术的审美体验

有的父母往往追求孩子艺术成果的体现，如会弹几首曲子，会画几幅画等；有的甚至过早追求过级考证。这些不仅不利于孩子艺术潜能的发展，而且使孩子失去了对艺术的兴趣。

发展孩子的艺术潜能，关键在于培养孩子对审美要素的感受力。可以有意识地创造环境，或带孩子到大自然中感受现实生活中的色彩、线条、平衡、对称、节奏、韵律等美的要素。试想，如果没有生动的、鲜活的审美源泉，何以激发孩子内在的艺术潜能呢？

父母要审慎对待孩子的艺术潜能，切莫盲目跟风，以免孩子的艺术幼芽在尚未绽放之前就已经枯萎。

培育孩子艺术天赋的5个措施

关心孩子的潜能发展，本是一件好事。但如果父母不能正确地对待孩子的艺术潜能，就有可能把它扼杀在摇篮中。

3岁前，孩子已经具有了一定的艺术能力，如随着节奏感强的音乐晃

动手臂、一扭一扭；或者对颜色特别敏感，可以随性涂抹出自己认为好看的图案，随着年龄增大，孩子对颜色的认知与表现能力会越来越突出……

艺术是孩子认识这个世界的一种方式，也是孩子表达对世界认识的一种方式。3岁前的孩子的艺术能力，指孩子能够在艺术活动中初步的感知与体验、创造与表现、反思与评价的能力，但最重要的是孩子能够体验艺术的快乐。

对3岁前的孩子，艺术有非常重要的作用。

作用一：促进孩子感官的发展。

孩子随着音乐有节奏地晃动身体的同时发展了孩子的节奏感和身体整体协调性，绘画对于孩子视觉以及空间能力的发展具有重要作用，语言表达能力、听觉能力也在孩子艺术能力的发展中得到了提高。艺术能力与感知能力的发展相辅相成、相互促进。

作用二：艺术能力的发展与孩子个性发展相互作用。

艺术表达的过程是孩子表达心境和情感的过程。也许他很高兴，因为颜料的涂抹可以传递他的快乐；也许他很不高兴，可以借助对乐器的敲击发泄他的不满。

作用三：艺术可以愉悦孩子的身心。

艺术活动最重要的是要带给人们审美快乐，让人享受到快乐艺术才有存在的价值。当孩子涂画了一张作品，兴致勃勃地拿给爸爸妈妈看时，它带给孩子的快乐是无法形容的。

那么，既然艺术对孩子有这么重要的作用，我们又该如何培育孩子的艺术潜能呢？以下从5个方面来阐述。

措施一：为孩子准备充足的艺术材料。

为孩子准备各种各样的颜料，让他自由地探索各种颜色带来的快乐，或许不久之后你就会发现，孩子创作出了一幅“印象派”画作；为孩子准备各种各样的小乐器，让他自由地弹奏、敲击或吹奏，或许不久之后，您会发现孩子创作出了一首令人“情绪激昂”的“进行曲”。

措施二：与孩子一起创作诗歌。

3岁前，孩子语言的发展非常迅速。可能你从来没跟孩子讲过的话，他突然有一天自己就会说了。如果你经常与孩子一起唱儿歌、读诗歌，潜移默化中，孩子的语言能力很快就会得到提高，孩子的创作能力也会相应地有所提高。

措施三：与孩子一起做音乐游戏。

通过孩子最喜欢的活动方式——游戏，让他体验音乐的乐趣。音乐与游戏的结合可以让孩子在游戏中自由地创作和表演，更直观地感受到音乐的抑扬顿挫。

措施四：用身体动作来感受艺术。

3岁前，孩子的思维特点是动作性思维占主要地位，因此，在培育孩子的艺术能力时，要注意让孩子用具体的身体活动来体验和感受艺术。比如，孩子喜欢《小燕子》的歌，你可以让孩子挥动胳膊，感受小燕子是怎么飞的。

措施五：重视艺术感知与体验。

艺术感知与体验是艺术创作与表现的前提，并为创作与表现提供素材。因此，你不能只注重孩子创作了什么，而应该注重孩子在这其中体验的过程。

艺术的巨大潜能在于它的不确定和无限表达空间，培育艺术潜能的方式千变万化，每个孩子的具体情况也不一样，关键是你有没有从观念上重视孩子的艺术能力的发挥。如果你足够重视，孩子的创造力一定会让你大为吃惊的！

培养孩子学画画的3个好处

许多父母在孩子的幼儿时期，就着手培养孩子的兴趣爱好，这里推荐父母们让孩子学习绘画，因为，绘画不仅是种艺术，孩子还可借助绘画舒展内心的喜好和兴趣，表达对外部世界的认识和感受。

一、培养孩子学画画可开拓幼儿的发散思维

在教学活动中我们不难发现，幼儿绘画最大的兴趣点并不是自己画得多么好，而是寻求与他人的与众不同，用孩子的话呈现就是“我有……你没有……”因此，在指导幼儿绘画的过程中，家长可积极采取举一反三的练习法。如：以圆形为基础，任意添画各种小动物；以鱼的轮廓为前提，运用各种线条、图形进行装饰。活动中，孩子们兴趣盎然，思路开阔，在统一的基础上，他们积极创意，寻求不同的表现形式。在激活幼儿想象力的同时，提高了幼儿的绘画潜能。

二、培养孩子学画画可领略生活中的美

幼儿美术教育的目的不是把幼儿培养成小画家，而在于激发幼儿的美感，培养幼儿创造性的表现能力，这些将成为他们人生的宝贵财富，使他们终生受益。因此，在幼儿美术教育活动里，创新是它的主旋律。

家长或教师要用生动的语言激发幼儿对美术的兴趣。运用富有童趣的语言，易于让幼儿产生轻松、愉快的游戏心理，使他们乐于参与。实际上绘画就和游戏一样，玩进去就会感悟很深，就能轻松大胆地表达自己的意愿。家长除了要做到口头语言的直观形象表达外，还可结合多种体态语言进行形象生动的对事物的描述，从而达到发展幼儿思维的有效办法。例如带领幼儿到户外活动时，引导幼儿观察大树、花草的形态，让幼儿产生作画的兴趣。

三、培养孩子学画画可发挥幼儿的主体地位

通过分析幼儿的年龄特征，我们可以发现他们对拟人化的动物、带有情节性的主题是最感兴趣的，这些也是最易于幼儿所记忆的。在选取素材时，我们应多以不同种类的小动物为主，通过拟人化的动作、神态，丰富幼儿的绘画经验。通过把绘画的内容编成故事，随着故事情节的展开指导幼儿绘画。这样可以吸引幼儿的注意力，提高他们的绘画兴趣，在易于理解、乐于接受的前提下，充分发挥幼儿在活动中的主体地位。

画画帮助孩子提高写作能力

4～5岁的孩子大多很喜欢画图画，从表面上看，孩子的涂鸦之作往往是不经意的随兴之笔。但通过对孩子绘画过程的分析，可以看出孩子的绘画过程实际上是一种创造性的思维活动，它需要经常地、仔细地观察，还需要不断地积累知识，有目的地想象和合乎逻辑地思维。这些也正是写作时所需要培养的能力，故通过画图画的方式也可以培养孩子的写作意识。

写作主要是从说出的话向能看到的语言的过渡，是书面语言的高级形式。写作的基本要求是能够用文字把自己的思想连贯地、有顺序地、准确地表达出来，使别人能够理解。写作能力的形成需要有口头表达能力作为基础，还需要掌握一定量的文字和词汇，需要有较好的阅读能力，取材、布局、选词、修辞等都是通过阅读学到的，需要内部语言的发展，构思的过程就是运用内部语言的过程。

写作能力的发展，大致经过三个阶段：一是准备阶段，即口述阶段；二是过渡阶段，包括由口述向笔述过渡和由阅读向写作过渡两个阶段；三是独立写作阶段，即独立思考，组织材料，写出文章。

写作能力的培养是上小学以后语文课的主要学习任务之一，但在学龄前，也可以通过画图画来培养孩子的写作意识。因为不论是用文字表达还是用图画表达，在思维和构思方式上都是一致的。图画也是传递思想意念和感情的工具，即用图形符号表达自己的所思与所想，与语言有类似的功能，也可以视为语言表达的另一种形式。学前孩子因为识字不够多，也不会写字，用文字表达有困难，而画图画具有和文字表达同样的功效，在思维方式和能力培养上可以起到异曲同工的效果。

培养写作能力首先要熟悉生活，因为生活是写作的源泉。绘画也是一样，应该从对实际生活的体验中去发展孩子们的绘画兴趣。要引导孩子注意关心周围的事物，把孩子带到大自然丰富多彩的环境中去，观察各种树木、花卉、动物等，通过丰富孩子的生活来丰富孩子的想象，引导孩子逐渐地把生活中一切有趣的东西与画画联系起来，再教会孩子把他们的感受画下来。

和培养写作能力一样，绘画也需要培养有目的的观察和有目的的想象的能力。在带孩子深入生活时不要一下子就是广阔的社会生活，而是要注意培孩子有目的地观察。除了在活动之前先要给孩子讲解观察什么、怎样观察外，在观察过程中，大人也要作好具体指导，启发孩子边观察边积极思考。观察后还应引导孩子进行回忆，让他们把观察的过程在头脑里再现，直到有东西可画。

绘画最大的好处就是能激发孩子们的想象力。而且，孩子们绘画时最大的乐趣也在于幻想，每个正在从事画画活动的孩子的心里都有一个充满幻想和想像的神奇世界。不论是自由自在的野外写生，随心所欲的涂鸦泼墨，还是绘声绘色的形象思维等，都能让孩子们释放童心、满足好奇心，激发孩子们用色彩和笔墨将自己的童心世界表现出来，使他们的想象力得到发展。

为了让孩子有目的地去想象，培养孩子的创造性思维能力，要多给孩子讲童话、传说，尤其是科学童话，让孩子多看有趣的图画，让孩子们画星星，画月亮，画飞船，画五颜六色的花朵，画天上的飞鸟，画周围一切他们感兴趣的事物，通过绘画使孩子的知识逐渐地丰富和充实起来。孩子的知识广泛了，视野开阔了，想象力也自然会丰富起来。当他们经过认真思考把自己的知识、爱好、兴趣和想象，有机地结合起来的时候，他们的创造力就会得到极大的发挥，他们的画面也就会丰富多彩起来。

而且在绘画的过程中，通过主题、选材、布局、构思、描绘等一系列创作过程，孩子不仅学习用图形和颜色来表达自己的思想和感情，而且也培养了孩子独立思考，独立构思，有目的地想象，合乎逻辑地推理以及创造性地思维等能力，这些都为孩子将来发展写作能力打下了一个良好的基础。

另外，通过画图画可以使孩子的生理和心理功能都得到锻炼。绘画时通过专心致志地一笔一画地涂抹，可以训练孩子的思维能力和精细操作能力，并通过对孩子的毅力、耐力、意志力和神经系统稳定功能的训练，培养孩子持之以恒的精神，能动能静的秉性等。

4个妙招教孩子学画画

儿童画创作是综合能力的具体体现，也是孩子绘画启蒙的终极目标之一，儿童画创作应该从单一到复杂。同时，家长要为孩子提供更多的信息资源，如果孩子没有丰富的感性材料，就不可能画出丰富多彩的画来。

绘画对孩子来说，本身就是一种游戏。绘画需要很强的想象力和创造性。可是，许多老师和家长在让孩子学画的时候，只注重绘画技巧的运用。孩子的画中如果只有技巧而没有童趣，这样的画又有什么意义呢？因此我们不能以“像不像”来评价孩子的作品。而应该看孩子的画中有多少想象力、多少创造力。家长和老师可以在绘画活动中，让孩子改变思路，肯定孩子的想象，以避免形成一种僵化、固定不变的思维模式。

怎样发展孩子的绘画创造力呢？以下四个妙招教会你。

1. 要根据孩子的年龄特点，为孩子创造优美的环境，如悦耳的歌声、生动的画面，这些都可以激发孩子潜在的绘画才能和丰富的想象力、创造力。

2. 要重视大自然对孩子的感染和熏陶。许多有名的画家都有一个共同点，那就是从小热爱大自然。在大自然的壮观奇景中可以陶冶孩子对美的感受。

3. 要有意识地引导孩子去观察、欣赏。如观察晚霞，可以通过问问题来启发孩子，比如“像什么”，“变成了什么”，“什么颜色”等，让孩子充分地想像，引导孩子有顺序地从事物的形态到具体细节特征来感知美、创造美。

4. 要创建良好的心理环境。成人要及时肯定和鼓励孩子的好奇心和探索行为，使整个绘画过程气氛轻松，这样才有利于发展孩子的绘画创造力。

在家里上的6种创意美术课

创意美术课，引导的是孩子的接触感和创新意识，孩子们可以通过手工、线条来表现自己的想法。对孩子的作品我们不能用整齐划一的眼光来看待，不能用“像不像”、“对不对”的标准来衡量，要多给孩子鼓励，使孩子们获得美术活动的乐趣。兴趣是最好的老师，在兴趣的引导下，孩子们的自由创造的意识自然会源源不断地涌现出来。

其实在家也可以让孩子上创意美术课，下面给家长们介绍几个在家进行的创意美术课。

一、撕纸

拿五颜六色的纸，让孩子自由地撕成条、块，并可以根据撕出的形状想象为面条、饼干、头发等。如果家里有缝纫机，妈妈可以在比较硬的纸张上用缝纫机踏出针孔组成的各色图形，让孩子撕下来玩。

二、折手帕、纸巾

手帕、纸巾都是柔软的，可以随便折成各种图形，家长可以教给孩子怎样折出角、边，折成纸船、纸鹤、花朵、扇子等。

三、穿珠子或纽扣

让孩子用线、塑料绳把各种色彩、形状的珠子、纽扣穿起来。随着孩子动作的熟练和精细化，珠子和纽扣的洞眼可以逐渐变小，绳子逐渐变细、变软。

四、夹弹子、糖球

让孩子用筷子把碗里的玻璃珠或者糖球一颗颗夹到其他的容器里，锻炼一段时间后可以换成颗粒更小的圆形豆子。

五、比划动作

在唱歌、跳舞、学儿歌的同时，可以教孩子用小手比划各种动作，把内容表演出来。

六、手工制作和生活自理

随着年龄的增长，可以结合日常生活，让孩子自己系鞋带、拿筷子吃饭，给孩子准备小剪刀进行剪纸制作，玩插塑类的玩具等，这些都可以增进孩子精细动作的发展。

手指的运动可以刺激大脑的广泛区域，而通过大脑的思维和眼睛的观察又可以不断纠正改善手指动作的精细化。眼、手、脑的配合协调能够极大地促进幼儿的智力发展。所以家长务必给孩子多动手的机会。

激发孩子想象力的方法

孩子的想象力是否丰富，可影响到孩子的创造能力和学习能力，所以，爸妈要做的是激发孩子的想象力。

知识越多想象力就越丰富吗？这不一定。如果孩子从小不把知识学活，不会联想，不能举一反三，触类旁通，那么他只能再现过去曾感知过的形象。所以要激发孩子的好奇心，鼓励他们多问几个“为什么”，引起他们思维活动的兴趣。实践证明以下五种方法，可为促进孩子想象力的发展，提供更多的发展机会。

1. 续故事：给孩子讲故事时，不要都讲完，可以中途停下来让孩子去想象故事的结尾。

2. 补画面和画意愿画：补画面是画一幅未完成的画，让孩子去补画其余的内容；意愿画是让孩子想画什么就画什么，不要硬行规定画的主题和内容。

3. 听音乐：放一段孩子较易听懂的乐曲，让孩子想象乐曲表达的情景，并将这一情景说出来。

4. 由说到想：向孩子提供一些特定情景，让孩子去想它的具体情况，如问孩子“天下大雪了，外面是什么样啦”等。

5. “你将怎么办”：向孩子提供一个问题情景，让孩子想出各种解决办法，如“走路遇到一片水洼，你将怎么办”等。

3岁宝宝的想象力如何培养

幼儿的想象力在3岁左右会迅速地发展，并且已不再局限于具体事物形象上，父母应该根据宝宝的发育特点，培养宝宝的想象力。

宝宝的想象力在三四岁时迅速发展，这阶段想象基本上是一种无意想象，也可以说是一种自由联想。无论什么宝宝都可以玩起来：小凳子或积木可以变成汽车，纸杯可以是电话，一条丝巾把自己装扮成公主……所有到宝宝手上的东西都有了象征意义。这时宝宝的想象已不再局限于具体事物形象，而是带有一定的情节，具有情景性。宝宝可以运用自己的想象和成人或同伴一块从事象征性游戏。

这个阶段，宝宝想象力发展的特点有以下三点。

特点一：想象和现实容易混淆。

这个阶段，宝宝此时的想象以无意想象占主要地位。因缺乏经验，宝宝早期的想象似乎常常还与知觉的过程相纠缠，他们往往只是用想象来补充他们所感知的事物。尤其3～4岁的宝宝，表象的组合异常容易，对他们来说，不可能的事情是没有的，所以他们常常把想象和现实混淆起来。宝宝的言谈中常常有虚构的成分，对事物的某些特征和情节往往加以夸大。

特点二：想象内容零散，不追求结果。

此阶段的宝宝想象内容有了一定程度的丰富，但内容之间是无意义地联系在一起，而且更多的是重复生活中常见的几种事物，其特征也不完整。比较典型的就是宝宝所画的人物只有头、手和脚，没有更多细节方面的内容。这是因为宝宝想象活动的目的不明确，主题不稳定。因此，此时的宝宝主要是满足于想象过程，不是去追求想象的最终结果。

特点三：想象主题不稳定。

三四岁宝宝在开展想象活动前已经有了初步的目的性，但这个目的往往很不明确。虽然有时在活动之前能在爸爸妈妈的提示下说出活动的主题，但这个主题是不确定的，宝宝会根据其随后的行动发生改变，甚至偏离最初所描述的主题。比如宝宝在画画前说要画一个香蕉，但是当他画了一个月牙形时就说要画一个月亮等。

那么，家长如何培养宝宝的想象力呢？

方法一：要保护和激发宝宝的好奇心。

好奇心是推动宝宝想象力产生和发展的重要因素。因此，爸爸妈妈要保护宝宝的好奇心，要尽可能满足宝宝对未知事物的探索欲望。同时要进一步激发宝宝的好奇心，鼓励他们对新异事物的观察和认识，并使其在这一过程中获得心理上的愉悦和满足。

方法二：要与宝宝一起游戏，在游戏中开发宝宝的想象力。

在宝宝想象发展的过程中，爸爸妈妈的参与和引导非常重要。宝宝的想象力是在各种活动中逐渐发展起来的，尤其是各种游戏活动。爸爸妈妈应积极地参与到宝宝的游戏活动之中，并在共同参与的基础上进行适当的引导。在参与宝宝的想象活动时，游戏的主体仍是宝宝，而且家长不应过分注重想象的结果，应使想象过程本身成为一种乐趣，使宝宝获得心理上的满足，从而激发其进一步想象的积极性、主动性。当宝宝游戏的时候，他不想受任何约束，只会随着自己的想象尽情发挥。

方法三：要引导宝宝确定想象主题，这样才能让他们有的放矢。

宝宝需要爸爸妈妈帮助他明确想象的目的和主题。在活动中，爸爸妈妈应通过语言提示或说明引导，让宝宝确定活动的主题，并在活动中提供同类性质的活动材料，帮助宝宝在某一主题下开展想象活动。因为这个阶段宝宝的语言也得到了一定程度的发展，爸爸妈妈要多多鼓励和引导宝宝对他所开展的活动主题进行描述，通过这些方式来强化其活动主题。比如在宝宝开展关于水果的活动时，爸爸妈妈可以提供一些水果或图片，引导宝宝围绕水果这一主题来开展想象活动。

激发孩子科学探索的欲望

现实生活中，父母总是有很多理由来打击孩子的探索和求知欲，其实，正确的做法是要正确引导孩子科学探索的欲望。

一、从态度上支持孩子，从情感上鼓励孩子

“乖孙子，快下来，别摔了！”当孩子爬到攀登架最高处时，奶奶突然出现，神情紧张地大叫起来。“哎呀，多脏啊！快出来！”当孩子正在沙堆里玩得起劲时，妈妈非要将他拉出来。“你看看，才拖的地，又被你弄得到处是水，这孩子怎么这么讨厌！”……家长的这些行为都是不对的。因为家长的任何行为都在向孩子传达他的情感、态度和对事物的认识。如此一来，孩子会认为，爬攀登架是件非常危险的事，再也不会去尝试，一个胆小的孩子就这样被“保护”出来。玩沙、玩水很脏，很不好，孩子再也不会对沙、水好奇了，甚至会厌恶，家长无意中扼制了孩子宝贵的好奇心。其实，家长应该保护、鼓励孩子的好奇心，这是孩子科学探究的起点。

当孩子发现周围的环境令人愉快和舒适时，他们会产生喜悦感，这种喜悦感能促进他们情感和认知的发展。例如，老师带小朋友去郊游，一只蝴蝶停在小朋友的手上，并落下一滴黄色的液体，小朋友很好奇：“蝴蝶也会撒尿吗？”老师未置可否，而是问：“你发现了什么？”小朋友想了想说：“原来蝴蝶也像我们一样啊！”这位老师的态度就很好地保护了孩子对蝴蝶的好奇心，让他自己发现原来“动物和我有某种联系”。

二、运用各种感官观察，引导孩子动手操作

“你会让几岁的孩子进行调查研究吗？”这样的问题让大家很疑惑，在一般人看来，调查研究是很高深的事，几岁的孩子会吗？其实不然，在家里给孩子准备几个空瓶子，分别种上黄豆、红豆、绿豆、蚕豆等，孩子的调查研究就可以进行了。让孩子观察这些种子什么时候发芽，什么时候长出叶子，叶子什么时候从一片变成两片……让孩子记录下来，从中也许能发现黄豆、红豆、绿豆、蚕豆等各种豆子发芽过程中的不同。

家长要引导孩子运用各种感官仔细观察周围事物，包括动物、植物、自然现象、自然物、物理化学现象等的特征等；同时，运用简单的工具如放大镜、测量工具等扩展观察，帮助孩子动手操作，进一步探索正在发生的现象；最后，还不要忘了和孩子一起总结、描述观察的结果，并对这些结果进行分组、比较等，一些有趣的科学结论就这样被孩子发现了，他会非常感兴趣，很有成就感。

三、开放式发散性提问，激起孩子探索欲望

日常生活中，要会和孩子说话，会向孩子提问。家长面对孩子的问题时，一定不要一味地给予“是”或“否”的答案，而是要采取开放式、发散性的提问，让孩子自己去找寻答案。因为开放式的问题有助于孩子产生多种正确答案，而发散性的问题能够起到催化剂的作用。

角色扮演可提高孩子人际交往能力

孩子都很喜欢玩角色扮演的小游戏，这种游戏不仅可以开发孩子的想象力、创造力、模仿力，还可以让孩子学习与人交往的能力，让孩子受益无穷！

在角色游戏中，孩子们通过对现实生活的模仿，再现社会中的人际交往，练习社会交往的技能，不知不觉中就提升了人际智能。游戏中，孩子们的行为要与所扮演的角色行为相吻合，要把自己放在角色的位置上，从角色的角度看待问题，同时必须学会共同拟定和改变游戏活动的主题。为了使角色游戏成功地继续下去，他们就先要协商由谁担任什么角色，使用什么象征性物品及动作；游戏中常常要改变计划，这就需要共同合作，学会从他人角度看问题，更好地解决人与人之间的交往。同时，在游戏中还可学习如何坚持自己正当的权利、要求，怎样控制自己的言行，以符合游戏规则。因此，角色游戏水平的高低能反映社会交往能力水平的高低及人际智能水平的高低。

著名幼儿教育家陈鹤琴先生曾经说过：孩子的知识是从经验中获得的，而孩子的生活本身就是游戏。角色扮演的游戏绝非简单儿戏，它可是孩子认识成人世界的一面镜子。

角色扮演游戏能让孩子学会“换位思考”，这对孩子的想象力、观察力、思维能力和解决问题能力，都大有好处。在游戏中，孩子能在与周围人和事物的比较中逐渐认识自我，她手中的洋娃娃往往就是她自己，而她自己所扮演的就是她妈妈的角色了。儿童做游戏时喜爱扮演各种角色，这其中含有浓厚的戏剧性。而且孩子扮演的角色并不拘泥于一个人，有时在一个游戏中他甚至可以不断出演多种角色。

角色扮演能进一步激发孩子想象力，对右脑发展很有好处，模拟对话不仅能加深与所扮演的角色的情感交流，还可刺激孩子左脑的语言中枢。孩子的想象力如果能通过语言自然表达，将极大促进左右脑开发。同时孩子通过模拟各种角色，会逐渐表现出所扮演角色的行为模式。如果他们经常扮演较自己年龄大的哥哥、姐姐、爸爸、妈妈等角色，自然会有更为成熟的思想和言行了。这就是角色游戏的教育功能。

5种小运动让孩子聪明过人

通过日常的一些小运动，可以锻炼孩子肢体的灵活性和协调性，还可以开发其智力，让孩子聪明过人。

写字、翻书这类小事，是孩子学习时必然遇到的，但如果要做好，对于幼儿来说，并非轻而易举，需要孩子具有相当水平的大肌肉和小肌肉的运动能力才能胜任。

有的孩子在这方面的发展相对落后，就会影响孩子在学习上的进步。因此，父母应注意发展孩子的大肌肉和小肌肉的运动能力。下面列出的是五六岁孩子应该具备的 5 种重要的基本技能，父母可根据孩子的具体情况，帮助孩子有针对性地练习。

小运动一：握笔、用剪刀。

握笔写字或是用蜡笔画图画似乎是每个上幼儿园的孩子都会做的事情，但由于这项本领需要一系列复杂的感觉和记忆技能做支撑，有些孩子还是掌握不好。要想让孩子拿好笔、用好剪刀，一定要多做练习。父母可以安排孩子做一些有趣的练习活动。比如给孩子准备一个漂亮的小镊子，请他试着往大大小小的碗里夹豆子，或是用剪刀剪剪小草棍什么的，孩子可能会比较有兴趣。

小运动二：拍球、接球。

有的家长认为，自己的孩子不是做运动的料，不必在玩球上浪费时间，因此刻意地减少甚至完全取消球类的运动。其实，不管孩子将来是不是有希望做下一个姚明，他依然要练习拍皮球和接球，因为孩子需要发展基本的“手眼协调”的反应技能。达到目标最有效的途径就是练习、练习、再练习，这样就能较好地建立大脑反应和肌肉动作之间的记忆联系。要知道，运动明星也是这么练出来的。

小运动三：系扣子、拉拉链。

若干年前，衣服需要系扣子，鞋子需要系鞋带，孩子的精细动作技能在日常生活中可以经常得到锻炼。可是现在的童装穿脱起来十分方便，有许多衣服是不用系扣子的。

不过，给孩子穿脱衣服也可以达到锻炼的目的。要是有的小男孩觉得这么做太“幼稚”了，不妨让他给自己喜爱的大动物玩具穿上小小孩的衣服。父母也可以有意识地给孩子穿一些带扣子（按扣也行）、带拉链的服装（上衣）和需要系鞋带的鞋子，使孩子有更多的机会锻炼小肌肉，同时提高生活自理的能力。

小运动四：拼图。

从发展孩子的运动技能来看，并不是说孩子能拼的块数越多、图案越复杂就越好。在这里，拼图的目的很明确：在发展孩子的短时记忆和长时记忆的同时，提高孩子运用小肌肉进行精细运动的能力和空间技能。使用那些图案简单的大块拼图就可以很好地锻炼孩子。

小运动五：走直线、练平衡

保持身体的平衡也是发展运动技能的重要内容，而且孩子们的游戏中也有不少活动对身体的平衡性有要求。父母应该了解，五六岁的孩子已经知道和其他小朋友作比较了。如果他做不好、站不住，他就会觉得很没面子。可是，平衡能力也不是一下子就能练好的，父母可以有意识地寻找机会和孩子一起练习“金鸡独立”的动作。比如在家里画一条直线练习走平衡，在一个点上站立不动练习“金鸡独立”，或踮着脚尖上台阶等。父母不要操之过急，经过一段时间的练习，孩子一定会进步的。

事半功倍的5大智能投资

现在，大多数家庭都是独生子女，父母怎么会不舍得为他们投资呢？可是，肯花钱不等于会花钱，因此，为更好地挖掘孩子的天赋与智力，取得事半功倍的效果，父母应考虑一下投资范围。

一、娱乐投资

这是父母们首要考虑的。只要能使孩子心情愉快、玩得开心，钱就花得值，比如带孩子去公园、动物园、游乐场以及看演出和旅游等。

二、智力投资

一般的父母都会或多或少投资此项。给婴幼儿期的孩子买一些益智玩具、识字画片，给稍大些的孩子购买图文并茂的知识智力类书刊，以及跳棋、象棋、地图、地球仪等。有条件的家庭还可以购买有科教内容的音像制品。

三、美育投资

让孩子从小接受美的熏陶，如给胎儿买胎教音乐磁带，给幼儿买电子琴等。在家庭经济条件允许的情况下，根据儿童的兴趣和天分可以给其买喜欢的乐器。同时经常带孩子参观绘画、雕塑、摄影等展览。

四、体育投资

为使孩子体质健康、身姿优美，可以为孩子购买与其年龄相适应的体育器械，如皮球、跳绳、羽毛球、拉力器、足球、篮球等。

五、培养劳动技能的投资

为从小培养孩子爱劳动的习惯和劳动技能，可以给幼儿买小水桶、小铁铲等。

可能许多父母现在还只注重于智力、娱乐等方面的投资。但专家表示，父母的目光不能总盯着智力、才艺和娱乐等方面，孩子需要的是全面的发展。因此，从上述“投资项目”来看，投资越早，收益越丰。

开发孩子右脑的12个妙招

年轻的爸爸妈妈应该知道，孩子的右脑潜能会在成长的过程中逐渐丧失，而0～6岁正是开发孩子右脑的黄金时期。如果我们及时地采用正确的教育方法及灵活多样的艺术培养方式和游戏活动来促进孩子右脑的发育，那您的孩子将会具有超强的记忆力、创造力和想象力。

一、学音乐

心理学家发现：音乐可以开发右脑，尤其是古典音乐，对孩子右脑的开发有很大影响。听钢琴曲时可以让孩子用左手模仿按琴键的姿势，听小提琴曲时让孩子模仿压琴弦的样子。此外，还可以在孩子从事其他活动时，创造一个音乐背景。

二、培养孩子绘画感觉能力

右脑具有绘画感觉能力。让孩子练习绘画，能培养其观察能力。尽量带孩子参观花展、盆景展和画展等，直观整体地欣赏作品。涂鸦也是一种综合训练，有助提高视觉感受、听觉描述、语言理解和动手操作等能力，对右脑刺激也是多方面的。

三、干力所能及的家务活儿

家长先有意把房间弄乱，然后同孩子一起清理房间。开始时孩子可能会做不好，分不清垃圾的种类、不知怎样用抹布擦桌子等，家长要耐心地指导，教几遍后孩子就会做好。

四、进行体育运动

右脑在运动中对形象的感知及细胞的激发比静止状态更快更强。家长可以每天带领孩子跳半小时的健身操，打乒乓球、羽毛球等，在打球或做操时有意识地让左手多重复几个动作，以刺激右脑。

五、讲童话故事

讲童话故事是右脑形象思维能力开发的最佳方法。童话富于幻想，听童话故事，孩子会不由自主地随着情节的发展想象故事中的人物、场面和情景，这对右脑的图形思维能力有很好的促进。睡前给孩子讲讲故事，这时右脑呈现最佳状态，开发孩子想象力的效果比白天紧张时要好得多。

六、训练空间识别能力

例如，经常变化孩子的环境，送孩子上幼儿园时有意改变路线，玩玩捉迷藏游戏；只给孩子看小动物身体的某一部分，让他想象整个小动物是什么样子；将一幅画的一部分遮起来，让他猜其他部分是什么样等；放一堆糖果在桌上，训练他用目测法判断糖果的数量；下棋也是一种很好的空间识别能力的训练，会对孩子的右脑产生很好的刺激。

七、带孩子逛商场

带孩子一同去商场是开发孩子右脑的另一种有效途径，能够培养孩子综合各种知识及判断的能力。可以教孩子独自挑选自己感兴趣的东西，也可以教孩子如何根据价格来挑选面包或水果等。

八、进行手指训练

用左手剪东西、抓玩具、玩石子、豆豆等，可以锻炼孩子左手的神经反射，促进大脑的发育；闭上眼扣扣，练习写字绘画，可以增强手指的柔韧性；摆弄智力玩具、拍球投篮、学打算盘、做手指操等活动，可以锻炼手指的灵活性；玩积木、橡皮泥有利于动手能力的培养；经常让孩子交替使用左、右手，可以更好地开发大脑。

九、爬行和梳头

平时可多用梳子或以手指代梳给孩子梳理头发，特别是多梳右侧头发，强化对右侧头皮的刺激，加快头皮血液循环。从小训练爬行，对孩子的平衡感及运动细胞都有帮助。

十、玩益智玩具

益智玩具是开发右脑的最佳工具，主要以拼插、组装、游戏等活动形式为主。电脑游戏机也是锻炼孩子右脑的好工具，可以为孩子选择一个以图形为主的游戏，如想象游戏、猜图游戏等。买新玩具后，父母没有必要按说明书教孩子怎么玩，而是应该放手让他们去摸索。

十一、学外语

研究发现，儿童学会两三种语言跟学会一种语言一样容易。当孩子只学会一种语言时，仅需大脑左半球，如果培养同时学习几种语言，就会“启用”大脑右半球。

十二、观看体育比赛

观看体育比赛能够锻炼孩子右脑，提高形象思维能力。每一次惊险的镜头，都会给右脑带来一连串的富于魅力的想象，启发孩子根据场上的变化不断推想可能出现的情况。

孩子学习十大才艺的最佳年龄

孩子学习一些才艺特长是好事。然而有的孩子觉得学习是一件快乐的事情，有的孩子反觉得是一件负担。孩子如感到是负担，就不太好了，再加上教育目的和方法不得当，可能会适得其反。因此，家长在送孩子学习特长的同时，还应尊重孩子自己的兴趣。而且，家长还应根据孩子生理发展的特点，理智地选择学习时间。下面给各位家长提供一些建议性的资料，以供家长参考。

一、学小提琴的适龄期

小提琴演奏是单手拿琴站立演奏，要想演奏出好音乐，对手及指头尚小、力量不够的3～4岁幼儿来说，过于勉强。因此，建议开始学习小提琴的年纪为5～6岁较适宜。

二、学钢琴的适龄期

在音乐世界里，声音是有感情和生命的。太小的孩子不宜学钢琴，因为学习钢琴需要孩子具备一定的能力，比如孩子的认知能力发展到一定的水平，最起码能认识简单的五线谱。再比如一定的听力分化及对音乐的感受能力，区分音乐的高音、音色、声调等，还包括手部精细动作的发展，一定的手眼协调能力及手指的力度和手发育的大小等。

因此，一般的孩子在2～3岁时学习钢琴，效果无法期待，6～10岁开始学，想成为钢琴家又晚了一点。可以让孩子在3～5岁时先听好的音乐，欣赏好的音乐，一般4～5岁开始接受钢琴等乐器的技术指导，这时候学钢琴比较适宜。当然，可根据自己孩子的情况，提早或推迟些。

三、学绘画的适龄期

由于孩子在1岁或1岁多已会“涂鸦”，2 ~ 3岁开始对形状、颜色产生兴趣，4 ~ 5岁开始对实际事物、经验过的事物有了认识并有画出的欲望，5 ~ 6岁时，不是画看到的东西，而是画认识的东西，此时孩子的观察力、想象力甚至表现欲都很强。因此，孩子从2岁半到3岁，就可以开始学习绘画。

四、学戏剧的适龄期

所谓戏剧，就是使用自己身体所有的器官、机能来表现，从发声、发音练习到音乐、古典、芭蕾等，要有广泛的训练才可。这些训练可以配合年龄及身心发展情形分别进行，所以从3岁到成年，只要有志于演戏，任何时候都可以说是“适龄期”。

五、学书法的适龄期

书法是一种技巧性很高的艺术，字要写得漂亮且具有艺术性，不是一件容易的事，必须按照学习规律，一步一步地学习、练习，且要循序渐进，经过长期的练习，才能掌握书法的要旨。学习书法，年龄不宜太小，学龄儿童从三年级开始学习书法，较为适当。因为这个年龄已适应学校生活，对文字的理解也较深，可以开始学。幼儿园和小学一二年级的孩子，理解力较弱，学习书法有些早。不过，特别喜欢书法的孩子除外，因为兴趣可以排除一切年龄的障碍。

在学习过程中，应先从孩子所认识的简单字写起，学习要由易到难。初学要先学“描红”，学习基本知识，宜选择收笔明显平衡的柳体、颜体等。孩子学习正楷入门与否，要看其离开字帖后能否写得像所临摹的字体。当楷书学到一定程度后，才能开始学习行书、隶书及草书。在指导孩子学习书法时，要注意孩子姿势、习惯和态度，练习时间不宜太长。多带孩子参观书法展览、有碑刻的名胜古迹等，对孩子十分有益。当孩子取得进步时，要给予鼓励，增强孩子的自信心。

六、学外语的适龄期

幼儿期是口语发展的最佳年龄阶段。正常儿童4岁时便能掌握母语的全部语音，而且也能学会其他民族的语言。如果想将来外语说得像汉语一样好的话，尽早学比较好，随着年龄增大，过了5岁，母语习惯已形成，发音机制逐渐稳定并限于母语，再学外语就有语音干扰，会困难很多。因而只要家庭条件允许，孩子最好从小学点外语，1～2岁就开始亲近外语，3岁以后就可以跟着老师正规学习。

七、学围棋、象棋的适龄期

围棋和象棋的开始适龄期是3～4岁，只要孩子能区分棋子的黑和白，理解棋上的文字即可。这两种棋都有很难的专业术语，如果要充分了解，一般是从小学三年级开始。

八、学游泳的适龄期

“游泳训练班”一般是基础练习的地方，有各年龄都能学习的课程，0～2岁的“婴儿游泳班”、3岁“幼儿班”、“学童班”以及“高级班”、“选手培训班”等。因此，父母“想要让孩子学游泳”或孩子“自己想要学游泳”时，就是游泳的开始适龄期。

九、学体操的适龄期

根据幼儿发育状况，1岁幼儿跟着节奏会手舞足蹈，摇动身体，2岁幼儿已经可以抓住东西，3岁幼儿可以跑到目的地，4岁幼儿会单脚跳、翻跟斗、两脚交互轻跳。体操不论几岁开始，都是越早越有完成高难度技巧的可能性，一般来说，体操才艺从3岁开始较为合适。

十、学溜冰的适龄期

专家和教练一致认为：越早学越好。一些活跃的选手大约是在4岁到小学入学前后开始学溜冰的,4～6岁是溜冰的开始适龄期。早一点开始学，就像讲母语一样，可以在自由、无意识之中，掌握溜冰的窍门。

第五辑　大天才，小故事

达·芬奇的故事：慈父名师助成才

达·芬奇是欧洲文艺复兴时期的著名画家，而他所以能够成为一名画家，就在于他的父亲及时地发现了他的爱好，并为他发展绘画艺术创造了条件。下面我们来看看，达·芬奇的父亲是怎样挖掘他的天赋的。

1452年，达·芬奇出生在意大利佛罗伦萨附近的芬奇镇。他的父亲皮耶罗是一名律师，家里比较富裕。母亲特丽娜是一位贫苦的农妇。达·芬奇出生后不久，父母离婚，母亲离开了他，他是在父亲的抚育下成长起来的。

达·芬奇的童年是在祖父的田庄里度过的。孩提时代的达·芬奇聪明伶俐，勤奋好学，兴趣广泛。他歌唱得很好，他的即兴演唱，不论歌词还是曲调，都让人惊叹。达·芬奇的家庭是当时佛罗伦萨有名的望族，父亲皮耶罗希望达·芬奇像自己一样当律师，可后来发生了一件事情使皮耶罗改变了想法，决定让小芬奇学画。

达·芬奇喜欢大自然的景色，经常攀登悬崖，并且对画画很有兴趣。有时，他独自一人坐在草丛中，用心地观察周围的花草树木，饶有兴趣地描绘着那些花瓣和树叶的形状。他喜欢钻山洞，进去探索里边的秘密，每次身上都弄得脏乎乎的。他还总要捉几个小动物出来，带回家里仔细地观看，并且按照小动物的样子进行描绘。开始画得有些四不像，但是，时间久了，达·芬奇表现出了非凡的绘画天赋，他画的小动物惟妙惟肖。因为喜爱绘画，他还常为邻里们作画，镇上的人都称他“小画家”。

有一天，邻近村上一位农民拿着一块木板来到镇上交给了达·芬奇的父亲皮耶罗，说：“请你家的‘小画家’在上面画些东西。”皮耶罗当即答应了，他听说儿子会画画，也想试试儿子的画艺如何，便将木板带回了家，但不知是什么原因没有告诉儿子。过了一些天，达·芬奇发现家里有一块木板，就将它刨平，用锯锯成一个盾牌。盾牌做成之后，他看到上面什么也没有，不大好看，便想在上面画点画。画什么呢？他想来想去，就将自己最熟悉的小动物画了上去。画成后，他拿去给父亲看。父亲看到上面画有蛇、蝙蝠、蝴蝶、蚱蜢，还有一些叫不出名字来的小东西。不仅数量多，而且结构合理，形象逼真。后来小达·芬奇凭借自己丰富的想象力，又用了一个月的时间，在盾牌的背面画成了一个骇人的妖怪。这妖怪长着火球般的眼睛，张着血盆大口，鼻孔中喷出火焰和毒气，样子十分的恐怖。作品完成后，小芬奇请父亲来到他的房间。他把窗遮去一半，使光线恰好落在妖怪的身上。皮耶罗刚走进房间时，一眼就看到了这个面目狰狞的怪物，吓得大叫起来。小芬奇则笑着对父亲说：“请您拿去吧，这就是它该产生的效果。”皮耶罗从此确信儿子有绘画天赋，他决心支持孩子去学习艺术，把孩子培养成为一名画家。

于是，父亲为了使小达·芬奇得到名师的指导，1466年，他同儿子一起来到了佛罗伦萨。韦罗基奥是当地一位颇有名气的画家和雕刻家。皮耶罗带着儿子找到了韦罗基奥，向他说明了来意，并将达·芬奇的情况作了一番介绍。韦罗基奥看达·芬奇既有画画的才能，又有学画的决心，就答应收下这个小徒弟。达·芬奇来到作坊以后，老师韦罗基奥就拿来一个鸡蛋让他画。达·芬奇很快就画了几张，可是老师让他继续画，一连几天都是如此。达·芬奇终于不耐烦了，认为老师小瞧了他，让他画这么简单的鸡蛋。老师看出了他的心思，意味深长地说："这个蛋可不简单，世上没有两个完全相同的蛋，即使是同一个蛋，由于观察角度不同，光线不同，它的形状也不一样啊。"达·芬奇恍然大悟，原来老师是为了培养他观察事物和把握形象的能力呀！从此以后，他废寝忘食地训练绘画基本功，学习各类艺术与科学知识，为他以后在绘画和其他方面取得卓越的成就，打下了坚实的基础。

后来韦罗基奥受圣萨尔宾诺教堂的委托绘制《基督受洗》，全画的人物虽已画完，但是还剩下背景没有画，根据规定本应在一年前完成任务，因此教堂一再催促，限定韦罗基奥必须在复活节前交画，否则受罚。这时离复活节仅7天了，可是韦罗基奥又不愿敷衍了事，他决定带着达·芬奇去希莫尼湖写生，然后再画背景。不料途中遇暴雨，韦罗基奥受寒感冒，高烧不止。由于任务紧迫，韦罗基奥只好命自己的得意门生达·芬奇来画背景。达·芬奇写生完毕，赶回佛罗伦萨，反复琢磨体会老师的创作意图，模仿老师的画风，经过一天的辛勤劳动，终于完成了全画。第二天早晨，当达·芬奇揭开画布时，他惊呆了。原来，老师以达·芬奇做模特儿画的那个手捧圣衣的天使形象，竟被嫉妒成性的师兄们刮掉了。他感到事态非常严重，时间又紧迫，他下定决心，不辜负老师的委托。为了维护老师的荣誉，他当机立断，自己动手来补画这个天使。他找出老师原来的画稿，以自己为模特儿，对着镜子，重画捧衣天使。韦罗基奥康复归来，看到《基督受洗》时，激动万分，他伸出双手紧紧抱住达·芬奇的肩膀兴奋地说："它是如此的完美，看来我以后只能去拿雕刻刀了。"从此达·芬奇声名鹊起，成为佛罗伦萨有名的画家。

后来，达·芬奇在韦罗基奥的指导下，通过勤学苦练，终于成为举世闻名的画家。他的绘画把科学知识和艺术想象有机地结合在一起，使当时绘画的表现水平发展到了一个新的阶段。

达·芬奇的父亲并没有因为自己的意愿——希望儿子成为一名律师，而忽略了达·芬奇真正的才能。相反，父亲及时发现了达·芬奇的画画天赋，并且带着他拜师学艺，培养出一名世界闻名的画家！

米开朗琪罗的故事："雕虫小技"成气候

米开朗琪罗是意大利伟大的雕塑家、画家，文艺复兴时期的"艺术三杰"之一。他在不到30岁时完成的雕塑代表作《大卫像》，举世闻名、影响深远。

米开朗琪罗从小就对艺术很有天赋，但父亲希望他学习拉丁文和意大利文，以便将来有所成就，光耀门庭。然而，令父亲失望的是，这位宝贝儿子却不喜欢读书。他上课时根本不认真听课，倒是对画画十分热心，经常背着老师偷偷画画。有时，他画得太入迷，老师在台上到底讲了什么一点也不知道。老师提问，他自然也就答不上来。

米开朗琪罗对画画的钟爱，与他的童年生活有关。他出生不久，父亲因为丧妻，移居到佛罗伦萨，就把他寄养到乡下一个石匠家。锤子和凿子是他玩耍的工具，伴随他的是石头和敲击石头的声音。除此之外，很难见到其他东西。刚会走路，他就拿着一把小锤子到处敲敲打打，被邻居们戏称是“小石匠”。成年后的米开朗琪罗戏称自己的雕刻天才来源于“小石匠”的恩赐。

然而，对那个时代的人来说，雕塑和画画一样，是雕虫小技，难登大雅之堂，也没有什么前途。一个出身名门望族的人，从事这样的“小技”是不可想象的。父亲把他从寄养的人家里接回来，送到学校里接受良好的教育，就是为了他将来有个好前程。当父亲了解到他的学习情况后，大伤脑筋，想出种种的办法来督促他学习。比如，在米开朗琪罗回家后，检查当天的学习情况；学习有所提高时，就给他一点奖励；学习不好时，就给以相应的处罚……但是，所有努力都难以奏效，米开朗琪罗还是不喜欢老师教的内容，就是喜欢画画。渐渐地，他的学习成绩没有什么起色，倒是画技日益提高，画画的兴趣也越来越浓厚。

面对这样的结果，父亲实在无可奈何。没过多久，父亲就想通了，儿子的选择对家庭来说确实不是一件荣耀的事，可又有什么办法改变它呢？既然他热衷于画画，而不安心于读书，那就顺其自然。否则，对自己、对儿子都是勉为其难，恐怕到头来两人都得不偿失。想到这里，父亲叹了口气，开始为儿子寻找新的老师。

13岁时，米开朗琪罗终于被父亲送到一位画家那里学习画画。对于父亲，这是无奈的选择，而对于米开朗琪罗而言，则是如鱼得水的事。他高兴极了，兴致勃勃地跟着父亲去拜了画家为师。在这位画家的精心指点下，他一日千里，进步很快，最终成为后世公认的艺术大师。

米开朗琪罗的父亲是一位很理性的父亲，他没有因为儿子违背自己的意愿而大伤脑筋、大发雷霆；当知道儿子的选择已无可挽回时，毅然站在儿子的立场上，积极为他寻找老师。试想，如果他不这样做的话，结果恐怕是“两败俱伤”了。

伽利略的故事：多问多想多动手

1564年2月15日，加利莱奥·伽利略诞生于意大利北部城市比萨。

在父母的疼爱和呵护下，伽利略一天天长大了，虽然才4岁，可他却常常像个小大人似的，缠着妈妈问这问那，对所有的东西都感兴趣。

在小伽利略眼里，爸爸是最了不起的人。傍晚时分，全家人常常围坐在客厅里，听爸爸演奏小提琴。小伽利略总是不由自主地随着音乐的节拍晃动脑袋，两只眼睛一眨不眨地，无限崇拜地盯着父亲。

“爸爸，我想学小提琴。”终于有一天，伽利略忍不住央求父亲。

“学小提琴？加利莱奥，那可不是件容易的事呀！”父亲想，小伽利略一定是心血来潮。

“爸爸，我不怕。”小伽利略坚定地回答，“我养的那只小白猫，学爬树的时候，不也摔了好多次跤吗？我知道，要想学会干一件事，就要付出努力才行。”

父亲惊奇地看了一眼儿子，一个4岁的小孩子，居然从猫学爬树这样的小事中，体会到学习必须要付出艰辛的努力这样的道理，可真是不简单呀。

“嗯，那你保证到时候不哭鼻子？”父亲故意让自己的语气听起来更轻松些。

“我保证，爸爸。”伽利略挺了挺单薄的小胸脯，毫不犹豫地大声说。

可是，懂得道理是一回事，真正实践起来又是另一回事。学琴没几天，伽利略稚嫩的手指就被琴弦磨破了。妈妈发现了，心疼极了，劝他说：“加利莱奥，算了吧。你还这么小，哪能吃得了这样的苦呢？”

伽利略没说话，甚至连头都没抬一下，一遍又一遍地拉着爸爸留给他的练习曲目。他倔强地想：我一定要和爸爸拉得一样好听，让爸爸妈妈看看，我是说到做到的。

很快，伽利略的音乐天赋显露出来了。他对音乐的悟性之高，令他父亲也不得不佩服。没多久，他已经能够像父亲一样，演奏许多复杂的乐章，而且丝毫不比父亲逊色。连傍晚时分全家人的聚会，也常常是父子二人轮流演奏了。

学会了拉小提琴，伽利略并不满足。他又发现了新的兴趣目标——数学。这事还要从他5岁时说起。

伽利略5岁时，父亲因为生意上的事要到佛罗伦萨，顺便带他去参观了那儿的一些博物馆。结果，达·芬奇、米开朗琪罗等大师的绘画、雕塑作品，强烈地震撼了伽利略幼小的心灵。回到比萨后，他开始学习绘画。为了让伽利略更好地掌握基本的绘画技法，父亲找来许多几何图形的物体。没想到伽利略不仅绘画技艺突飞猛进，对这些几何图形的迷恋也是日甚一日。

他问父亲："爸爸，这些几何图形到底有什么用呢？"

"为什么这样问呢，加利莱奥？"父亲一时弄不清伽利略又在想什么。

"爸爸，我觉得挺奇怪的。画画的时候，我发现好多东西，比如房子、马车、书桌……什么的，好像都与几何图形有关。"

"有关？怎么有关？"

"嗯，就是说，它们都是各种几何图形组成的。可似乎没这么简单。只是我想来想去也想不明白，除了这个，它们还能有什么复杂的关系呢？"

父亲看着紧皱双眉的伽利略，内心十分欣慰。儿子比一般的孩子更加善于观察，善于思考，而且对学习有着浓厚的兴趣，将来一定会有出息的。

“加利莱奥，你的问题我无法回答。”想了想，父亲问道，“不过，你愿意学习数学吗？也许你学了数学，就能明白你说的这种复杂关系了。而且，你还会发现许多更有意思、更有用的东西。”

“真的？”伽利略乐得蹦了起来，高声叫道，“我愿意，当然，我愿意！”

打那以后，父亲正式开始教伽利略学习数学，这本来也是他的特长。

虽然在一般人看来，数学本身是枯燥无味的，可伽利略的兴趣却明显高涨。他常常为了寻求一道数学题的解法而绞尽脑汁，废寝忘食。他似乎随时都在思考，随时都准备思考，逐渐养成了习惯，而这种习惯，无疑对他以后的科学研究工作大有裨益。

转眼间，伽利略7岁了。在音乐、绘画、数学方面，他都已经小有造诣。他做任何事情，都不只是简单的模仿，而总是问个“为什么”，并且常常能够举一反三。

这时候，伽利略已经有了两个妹妹。作为家里的长子，他必须替母亲分担照顾妹妹们的责任，这使得他常常很烦恼，因为妹妹们总是缠着他，照顾她们要花去他相当多的精力，以至于没有时间来思考他想思考的问题。

一次全家去看木偶戏，给了他很大的启发。他发现妹妹们对木偶十分着迷。他想：“我为什么不自己给妹妹们做一些木偶呢？如果她们喜欢玩木偶，我不就可以有更多的时间做自己的事了吗？”

于是，他极力回想着木偶的样子，琢磨着怎么能够使那些木偶运动起来。当时，他在台下只是远远地看，似乎每个木偶上都有好几条线，演员们就是通过这几条线来控制木偶的。

伽利略找来木头、刀、线等工具，花了三天三夜时间，手上也不知被划破了几刀，终于做出了第一个木偶。他给木偶描上脸谱，拿给妹妹们看。果然，两个妹妹欢呼雀跃，立刻就被这个新玩具吸引了。伽利略却并不怎么高兴，因为这个木偶，动起来还很僵硬，只能做一些简单的动作。有什么地方不对呢？他又琢磨开了。

“你看看我是怎么走路的，加利莱奥。”父亲有意启发他。伽利略怔怔地看着父亲在客厅里走了两个来回，突然间恍然大悟：“我知道了，人有关节！”

伽利略一把从妹妹手中夺过木偶，立刻动手进行改进。再试试，哈，成功了！

伽利略一发不可收拾，又用碎布头代替木头，接着做了好几个木偶，还替妹妹们编了一出木偶戏，给她们每个人安排了几个角色。他自己呢，当然有了更多的时间，可以安心地思考问题。不过，他也从此迷上了手工制作，常常自己动手做一些东西。

1572 年，伽利略已经 8 岁了。他个子不高，还有一点儿胖，但这并不影响他观察细腻，思维敏捷。

一天晚饭后，父亲带着全家人到比萨广场散步。伽利略和妹妹们高兴地在广场上奔跑、跳跃，就像欢乐的小羊。

突然，伽利略跑到父亲身边，指着比萨斜塔，好奇地问：“爸爸，那座塔怎么是斜的？”

“哦，你是说比萨斜塔。当初建造这座塔的时候，由于某种计算上的错误，塔还没建成就已经倾斜了。”父亲随口说。

“那它为什么不会倒呢？”伽利略显然不满意父亲的回答。

“这个，我也说不好。不过，这座塔已经成为世界建筑史上的奇迹了。”

“等我长大了，一定会揭开这个谜的！”伽利略充满自信地说着，转身又跑开了。

望着伽利略远去的背影，夫妇俩讨论起来。父亲说：“亲爱的，你不觉得咱们的儿子是个天才吗？他总是比别的孩子观察得仔细，思考得多。”

“是呀，现在他的问题越来越多，也越来越难回答了。”母亲微笑着说，“再过几年，咱们应该让他到佛罗伦萨去上学，听说那儿的卡马多斯修道院还不错。”

修道院是天主教培训神父的学院，不过在当时，还没有世俗的普通学校，请不起家教的孩子只能到修道院去学习，因为除了宗教教义，修道院也传授一些算术、拉丁文知识。

“对，要不然，加利莱奥整天学些数学、音乐之类的，就算成为数学家、音乐家，又有什么用呢？”父亲说。

伽利略并不知道父母对自己的安排，仍然睁着一双好奇的眼睛，仔细地观察着身边的一切。他尤其对天空的事物感到不可理解，常常想，白天月亮星星都到哪儿去了？为什么天一黑，月亮星星就亮了？为什么有时候月亮是圆圆的，有时候却是弯弯的？

他希望从书中找到答案，可是书中也没有答案。他想起那年做木偶的事，自己不就是通过观察，解决了木偶运动不灵活的问题吗？他相信自己可以用同样的办法，解决天空的问题。

“对，我要从今天开始，对天空进行观察。”伽利略暗暗地下定决心。

天渐渐黑了，伽利略趁家里人都睡着了，悄悄地溜出家门，坐在地上，抬头仰望苍穹。周围静极了，只有星星的眼睛眨呀眨，他仰得脖子都酸了，望得眼睛都疼了，也还是什么都没发现。

一连几天，伽利略白天黑夜地仰望天空，晚上就算冻得瑟瑟发抖，也不肯进屋睡觉。第五天夜里，他终于抵不住困意，坐在门口睡着了。

父亲这才发现了伽利略的秘密。

但是，几天的观察使他明白，光靠好奇心和肉眼的观察，除了能看到天空的一些小变化外，根本不可能破解天空的奥秘。如果能够像小鸟那样飞上天，近距离地看一看月亮和星星，不就什么都解决了吗？

伽利略问父亲：“小鸟为什么能够在天上飞来飞去，而人只能在地上走呢？”

“你认为呢？”对伽利略的问题，父亲大多数已经都回答不上来了，所以常常只是反问伽利略。因为这样的一问一答，总是能让伽利略一步一步地深入思考，从而自己找到一些答案，尽管这些答案不一定都正确。

伽利略沉思着说：“我想，那是因为所有的鸟都有翅膀，而人没有。”

伽利略决定给自己安上翅膀，也体验一次飞翔的感觉，最好能飞上天，飞到月亮和星星上去，探索出天空的秘密。

他找来一些竹子，划成片，扎成了一对巨大的翅膀。他把翅膀绑在两只胳膊上，使自己看起来就像一个滑稽的怪物。两个妹妹一直好奇地看着他忙来忙去，见他这副模样，笑得前仰后翻的。

伽利略却沉浸在自己的想象中，全然不理会两个妹妹。他使劲地挥动着两只绑着翅膀的胳膊，嘴里大声地喊着：“飞起来了，飞起来了！”可是直到两只胳膊酸疼酸疼的，再也挥舞不动了，脚底下依然纹丝未动。

伽利略丧气极了。有了翅膀怎么也不能飞呢？“哥哥，你跑一跑再飞，像放风筝一样。”大妹妹提醒他道。

“对呀，我怎么就没想到呢？”伽利略狠狠地拍了一下自己的脑袋，站起来又试，结果还是不行。

“哥哥，你站到高处再飞。”小妹妹提醒他。

“对，这次一定行的。”伽利略觉得，这下找到了问题的症结所在。

他爬上窗台，纵身往下一跳，同时还不忘了使劲挥舞着翅膀。可是，他还是没有飞起来，反而重重地摔在地上，疼得他眼泪都快掉下来了。

这一幕正好被父亲看见了。他扶起伽利略，语重心长地说：“孩子，光有奇思妙想，没有知识做根基，就只能是不切实际的幻想。”

伽利略若有所思地点点头。他倒并没觉得自己白做了这个实验，因为，至少他现在已经知道，单凭一对翅膀，人是不可能飞上天的。

观看天空和学飞的经历表明，伽利略勇敢地用实践检验着自己的奇思妙想。不过，他最大的收获，就是逐渐明白了知识的重要性。

爱提问题是许多小孩子的天性，对于年幼的孩子，父母大多能够轻松地回答他们提出的问题，但是，随着孩子知识的积累，思维方式的变化，难免会提出一些父母知识水平之外的问题。这个时候，父母很可能不能给出一个准确的答案，但一定要鼓励孩子思考，引导他们自己去寻找答案。伽利略的父亲正是用这样的方法，指引着孩子成长的方向。

巴赫的故事：站在巨人肩上执着前进

约翰·巴赫，18世纪德国杰出的音乐大师，他的作品对欧洲音乐艺术的发展产生了巨大的影响，被人们称为“欧洲音乐之父”。

巴赫出生在德国中部图林根的一个音乐家庭。他的家族世代都出音乐家，他的高祖、曾祖都是远近闻名的乐师，他的祖父这一代出了三个音乐家，他的父亲是小提琴家，巴赫有三位兄长，都是音乐家，巴赫有个儿子也是杰出的音乐家。这在音乐史上是罕见的。

巴赫的成功，是和父亲的教育分不开的。

巴赫的父亲是一位小提琴手，很早就成为宫廷乐师和乐队指挥。当巴赫三四岁时，他就有意把儿子培养成为自己的接班人。通过观察，他感到巴赫不仅对音乐有很强的兴趣，也确实有几分音乐天赋，是个学音乐的材料。同时，他清醒地知道，要成为一个音乐人才，非一日一年之功，在漫长的学习过程中，除了专心，还要有耐心。于是，他对小巴赫说："爸爸看到你的条件不错，很有可能成为一个比爸爸还强的音乐家。不过，要取得成功，就要坚持不断地练习，这就要有耐心，要耐得住寂寞，耐得住困难，耐得住失败。孩子，你有这个信心吗？"小巴赫认真地说："爸爸，我知道了。"父亲这才放心地点了点头。

接着，父亲把小巴赫带到房间，教儿子知道什么是弦乐器。他拨了一下小提琴上的弦，告诉儿子："通过弦鸣响的乐器或用弦的乐器，像小提琴、竖琴、琉特、吉他等都是弦乐器。"

小巴赫也学着父亲的样子拨了一下小提琴，听到嘭嘭的声音，他问："爸爸，小提琴真好听。它好学吗？"

"好学是好学，但要学成功，就必须坚持不懈地练习，当然还要抓住要领，掌握正确的方法。这些，爸爸都可以教你，关键就看你是不是有耐心了。"

在父亲的诱导下，小巴赫学得很认真，也肯吃苦。首先，他练习手法，握弓、顶弦、平行推拉、悬肘、运力，等等，天天练个不停。时间久了，肩酸了、背痛了、肘也抬不起来，甚至手不断地抖而且使不上劲儿。这时，他就停下来，擦一把手上的汗，捏一捏指头。看着手指肚上被弦勒出的一道深沟，他流下了眼泪。但是，一想到爸爸的话，他又接着练习。

受祖父和父亲的影响，巴赫从小就受到了良好的音乐教育，而且还受到当地民间音乐的熏陶，使他酷爱音乐。不幸的是，在巴赫还不到10岁时，父母就双双去世，从此巴赫就由哥哥抚养，并供他继续上学。

巴赫不满足哥哥所传授的知识，他对兄长收藏的许多著名音乐家的乐谱极感兴趣。在被哥哥拒绝后，巴赫每晚趁哥哥熟睡后偷出乐谱，在月光下抄写，花了半年时光将所有乐谱全部抄完。后来哥哥知道后拿走了他所抄写的乐谱，然而巴赫已将这些乐谱牢牢地记在脑海中了。

巴赫在哥哥身边生活、学习五年后，决定独立谋生。他虚心地向当时的名家求教，不辞辛苦。有次他听说汉堡有著名音乐家的演出，决定不放过这个学习的机会。由于没钱坐车，他便自带干粮，徒步前往，来回竟走了60公里。

1704年，巴赫成为阿恩斯塔特新教堂的风琴师，在这里学习钻研管风琴的演奏技巧。他听说一位德国音乐家在距此之外300公里的卢卑克，于是请假四周前往求教。在卢卑克，巴赫对大师的高超技巧十分敬佩，陶醉于大师的音乐而流连忘返。他忘记自己只请了四周的假，一连待了四个多月才返回阿恩斯塔特。

教会早就对巴赫平日的行为不满，这次更是借故对他进行审判，并给予降薪处分。巴赫气愤至极，于1707年离开了阿恩斯塔特教堂。

巴赫在米尔豪森教堂待了一段时间后，于1708年受聘于魏玛宫廷乐队任管风琴师，不久又升任乐长。巴赫在魏玛期间，事业上有了巨大的进展。为了适应宫廷频繁的需要，他不得不尽快地创作，并采用各种演奏方法，由此广泛地接触了世俗音乐。这一时期他创作了大量管风琴曲，如《帕萨卡里亚》等。

此时，巴赫的演奏才能也达到了前所未有的高度。1717 年，法国著名古钢琴家玛尔香被邀请前来表演。巴赫将玛尔香刚表演过的曲目用新技巧变奏了 12 次，使一向拜倒在外国人脚下的德国贵族大为震惊，连声叫好。巴赫提出与玛尔香举行比赛，当众分出高低。玛尔香表面上答应，晚上就溜之大吉了。这样一来，巴赫名声大振。

尽管巴赫在音乐方面有如此才华，但还是遭到了公爵不公正的待遇。他曾被监禁一个多月，于 1717 年底离开魏玛。

1717 年至 1723 年，巴赫担任哥登宫廷的乐队指挥，由于这里条件极差，巴赫更多的是从事管弦乐曲的创作。这期间他的著名作品有《平均律钢琴曲集》第一卷、《勃兰登堡协奏曲》等。

1723 年后，巴赫到莱比锡工作，担任汤玛斯教堂的合唱团团长。巴赫在莱比锡工作了 27 年，一直到去世。这是他一生中音乐创作的巅峰时期，著名作品有《马太受难曲》、《b 小调弥撒曲》、《平均律钢琴曲集》第二卷，等等。

晚年的巴赫在一次中风后双目失明，此后病魔缠身，健康状况日益恶化。但他仍顽强地坚持创作，通过口述，由妻子或学生记录写出作品。1750 年 7 月 28 日巴赫逝世，一颗巨星陨落了！

直到死后近 80 年，巴赫的创作才逐渐为人们所认识，并受到尊敬和推崇。他被音乐史家称为“欧洲音乐史上承前启后的枢纽人物”。

由于家族遗传和家庭环境的熏陶，巴赫从小就站在巨人的肩膀上，虽然幼年丧父，但出色的天赋、坚韧的毅力促使巴赫执著地学习和创作，最终成为“欧洲音乐史上承前启后的枢纽人物”。

狄德罗的故事：两代父亲的爱

在法国朗格尔天主教耶稣会中学，有一个学生常常以出色的回答博得老师和同学们的掌声，他以优异的成绩使他的父母对他充满了期望。和所有天下的父母亲一样，他们也希望自己的儿子将来能够出人头地。但是有一天，这个中学生忽然对他父亲说，他不想上学了。父亲没有责备儿子,只是看了儿子一眼,平静地说：“那好，到工场去吧，以后就当个制刀匠。”此后这个中学生离开了校园，到父亲的工场里成为一名工人。他接连5天为制作一把柳叶刀忙得团团转，可是还是毫无结果。父亲一声不吭。中学生糟蹋了材料，损坏了工具，但是父亲装作什么也没有看见。第5天快过去了，父亲还是心平气和地问道：“怎么，干不了吧？”这个中学生一言不发。第二天清早他收拾好自己的课本，急匆匆地上学校去了。

后来这个中学生成为法国18世纪杰出的思想家，法国启蒙运动的代表人物之一，他在唯物论和文艺理论方面大大超过了他同时代的思想家。他就是德尼·狄德罗。他主编的《百科全书》

引领了法国启蒙运动的高潮。

狄德罗的父亲是明智的，他没有强迫儿子到学校去，而是尊重儿子的选择，通过事实使狄德罗明白了其实学习才是他最恰当的选择。让每个人通过教育获得知识和能力，使自身的潜能得到充分发挥，从而在社会中完成自己最适宜最喜欢也对社会有所贡献的工作，也许这才是教育的真正内涵。

作为家长，对子女总是有很多期待，希望他学习成绩好，希望他在学校里出类拔萃，这样既可以使子女有好的前途，同时自己脸上也有光彩。父母常常把自己的人生价值观加在子女身上，而当子女的状态与自己的期待发生错位的时候，父母往往要求子女服从，不考虑子女的想法和实际，轻易地教训他们："你不对。"或者说："你距离我们的目标太远。"

不是说每个家长都必须像狄德罗的父亲，当子女不好好学习的时候，就让他去打工。重要的是，当狄德罗不想读书的时候，父亲并没有强行要儿子按照自己的希望去做，而是采取了平和的方式。这种处理子女关系的思维方式是很值得我们借鉴和思考的。

也许是家教渊源的影响，当狄德罗成为父亲之后，他也像他的父亲一样，十分注意寻找教育孩子的合适方法。

狄德罗有过几个孩子，但是都夭折了，只有一个女儿活了下来。狄德罗让他的女友索菲和妹妹勒让德尔夫人来教育孩子，他还请了一位家教，教女儿历史、地理，余下的时间教她钢琴。

而母亲则反对父亲对女儿进行教育，她要亲自教育。一直到了1762年秋，她才在教育女儿上稍作让步。狄德罗对此真是高兴极了，他要根据自己所珍视的原则去教育女儿，排除任何迷信，只听从理性，向她灌输对真、善、美的热爱，而不必迷信于宗教的"恶有恶报，善有善报"，让她明白，善会由于行善的欢乐以及它所激起的博爱而得到双倍的报偿。

一个星期天，狄德罗发现女儿过分成熟，觉得应该严肃地和女儿谈谈，于是向女儿提出了这样一个问题："你知道男女之间在道德上存在差别吗？"

女儿张口结舌，一时答不上来。于是他又说："你知道男人向女人说那些风流话意味着什么吗？它意味着：小姐，为了对我表示好感，你可愿意自毁名誉，失去身份，使自己被摒弃于社会之外，被关到修道院去，让你的父母痛苦地死去吗？"他的教育，使女儿懂得了一个女孩子该做什么以及如何与男孩子交往。

在女儿16岁那年，有位青年来求婚。狄德罗事后对朋友说："我没有同他谈及财产，这不是我看重的。我最重视的是理性、道德、正直的职业和身体的健康情况，我相信他具有大部分这些优点，但还要征求她母亲的意见，另外，女儿也有绝对的自主权。"

狄德罗就是用这样的方式对待孩子的成长，他始终抱着一颗宽容的心，一种理性的态度，与孩子平等交谈。每个孩子都是一个独立的个体，他有他的身高、体重，有他的志趣、爱好，有他的长处、短处，他的道路主要应该由他自已来决定和选择。当然，由于孩子知识经验的不足，看问题的不全面，家长给予应有的指导和帮助是无可厚非的，问题在于家长采取何种方式与子女交流。

歌德的故事：父母熏陶培育下成长

歌德是德国最伟大的诗人、德国文学史上的泰斗、欧洲著名的作家，被恩格斯推崇为文艺领域里“真正的奥林匹亚神山上的宙斯”。歌德还是一位多才多艺、知识广博的艺术家和科学家，在文艺理论、哲学、历史、造型艺术及自然科学等领域，都为人类作出了宝贵的贡献。歌德的成就，与幼年时期父母的熏陶教育是分不开的。

1749 年 8 月 28 日，歌德出生于美因河畔的法兰克福。他 8 岁就能阅读德文、法文、英文、意大利文、拉丁文、希腊文等多种文字的书籍，14 岁开始写剧本，25 岁发表了后来风靡全球的小说《少年维特之烦恼》。他完成这部小说，仅用了四个星期的时间。人们称歌德是个天才，事实上，歌德的才能并不是天生就有，他能取得如此成就，主要靠他父母对他的早期教育和他自己坚持不懈的努力。

歌德的父亲是裁缝师的儿子，家境殷实，受过高等教育，曾获莱比锡大学法学博士学位，当过地方官。他爱收藏书籍和美术作品，还在家中摆满每次旅行所带回的纪念品。在这种家庭环境里，歌德耳濡目染，从小受到艺术的熏陶。

歌德是家中唯一的男孩子，父亲对他寄予厚望，从他出生起，就有计划地对他进行严格的教育。当歌德还是婴儿时，父亲就抱着他去散步，还经常跑到郊外呼吸新鲜空气，有意识地让他多接触自然。在路上，父亲总是耐心地给小歌德讲解遇到的各种事物，培养他的观察能力和认识能力，使歌德获得不少自然知识，歌德小小年纪便知道许多植物和动物的名称和习性特点。后来歌德专门研究过自然科学，曾发现人类腭间骨，并撰写了有关植物形态学和颜色学的论文。歌德的一生，始终保持着对自然科学的浓厚兴趣。在父子俩休息的间隙，父亲为歌德朗诵歌谣。这些歌谣既好念，又易为儿童接受，每次外出歌德都能背上一两首。随着外出次数的增多，歌德的口语能力也在不断提高。

歌德稍大一些时，父亲带他到各地旅游，每经一处，父亲总是讲讲当地的历史、风土人情。如果旧地重游，父亲会要求歌德将所知内容复述一遍，以加深记忆。旅游使歌德开阔了眼界，增长了见识。从歌德 4 岁开始，父亲亲自教他读书识字，而且请了好几位家庭教师传授他多种语言。歌德经常与邻家的孩子共同学习。他们都对作诗感兴趣，于是约定每星期日聚会，每人都把自己作好的诗拿来给大家看，由大伙评判。歌德的诗总是被小伙伴们评为最优。

在歌德家常会出现这样的场面：小歌德站在椅子上，面对观众用稚嫩的童音作演讲。这些观众，是歌德的父亲为了训练儿子的口才，特意找亲朋好友充当的。刚开始，小歌德对着那么多大人有些害怕，说话也结结巴巴、词不达意。经过一段时间的锻炼，他变得口齿伶俐，演讲起来声情并茂，极富感染力。

歌德的母亲出身显赫，是法兰克福市长的女儿，也是一位典型的贤妻良母。她爱好文学，平时喜欢给儿子讲故事。为了使歌德养成多动脑、勤思考的好习惯，每到关键处，小歌德正听得津津有味时，她就会故意停下来，要他自己设想下面发生的事。如果歌德猜得不对，母亲也不说出答案，而让他继续想，直到找出合理的答案为止。歌德丰富的想象力和构思能力就是那时培养出来的。歌德7岁编出饶有诗趣的《新帕利斯》童话，与此不无关系。

歌德的外祖母对这个小外孙疼爱有加，为逗歌德开心，甚至请人在家中演木偶戏，还送歌德一套表演“浮士德”故事的木偶戏玩具。歌德和其他孩子便兴致勃勃地排演这个剧目，并且拉来一批小观众，可没多久，演员连同小观众都厌烦了，来来去去老演一种剧目确实没意思。他们决定自己动手做行头、装饰，自己编剧本排演。

歌德后来在回忆录上写道：“这种儿童的玩意和劳作从多方面训练和促进了我的创造力、表现力、想象力以及一种技巧，而且是在那样短的时间，那样狭小的地方，花那样小的代价，恐怕没有别的途径更能够有这样的成就了。”

可见，家庭环境的熏陶对孩子成长有极大的影响，父母的言行在潜移默化中教育着孩子的心智。因此，家长应保持长期的热情和耐心，为孩子的成长营造最佳环境和最佳条件。

莫扎特的故事：名副其实的音乐小天才

莫扎特被人们称为“音乐神童”。3 岁起显露音乐才能，4 岁跟父亲学习钢琴，5 岁作曲，后又随父亲学小提琴，8 岁创作了一批奏鸣曲和交响曲，11 岁写了第一部歌剧。他的音乐作品被视为世界音乐宝库的珍贵遗产。

莫扎特 1756 年出生在奥地利，他的父亲利奥波德是宫廷乐团里的小提琴手，也是一名作曲家。由于父亲是音乐家，家里的孩子都受到父亲的培养和熏陶。

在莫扎特 3 岁的时候，有一天，爸爸正在琴房教姐姐弹钢琴，莫扎特搬来一个小凳子在一边观看，他开始对音乐产生了浓厚的兴趣。从那以后，每当爸爸教姐姐弹琴的时候，他都在一边听。莫扎特的记忆力特别好，只要是他听过的曲子，他都记得，每当姐姐弹错音乐的时候他都能准确地指出来。

在莫扎特的指指点点中，父亲发现了儿子的天赋，于是当莫扎特 4 岁的时候，父亲便开始教他弹琴了。莫扎特年纪虽小，但是许多技巧复杂、难度大的协奏曲他都能背诵下来，还弹得很好。

4 岁的小莫扎特便常常向家人展示他的音乐才华，每当家人吃晚饭的时候，他都要献上一曲给大家消遣消遣。特别是家里有客人来的时候，他更是喜欢表现自己，他常常不管大人允许不允许，便跑到钢琴边上弹了起来。凡是听他弹过的客人，都会对他竖起大拇指。

有一天下午，4岁的莫扎特坐在地板上专心致志地用鹅毛笔在五线谱上涂写时，正赶上父亲利奥波德进门。

他一看见儿子就问："孩子，你在干什么？"

"爸爸，我在作曲！"

"好了吗？"

"快好了。"

当利奥波德看到那份似乎胡乱涂鸦的五线谱时，神情从严肃变得越来越惊讶了。最后，他热泪盈眶地自言自语："天哪，这孩子不仅会作曲，而且写得那么难，那么地道！"

5岁的时候，刚上一年级的小莫扎特便会自己创作各种曲子了，这个城市里的人们都知道他们家出了一个音乐小天才。

在家里，经常有爸爸的两位朋友来练小提琴，这两个朋友是和爸爸一起同台演出的小提琴手。有一天，莫扎特听见爸爸和一个朋友在客厅里演奏三重奏的小提琴曲，于是他自己也拿着小提琴来到客厅，平时莫扎特主要是跟爸爸学钢琴，爸爸教他小提琴纯粹是为了调节他的兴趣。

"爸爸，我来担任你们的第二个小提琴手，行吗？"

"不行，这个曲子你还没有练习过。"

"我可以看着谱拉。"

"行行，就让我们的小天才试试吧。"在一旁的那个小提琴手发言了。

就这样，莫扎特跟着爸爸和另一位叔叔一块演奏了小提琴三重奏，演奏结束了，大人们站在那里一动不动，大家都看着小莫扎特，被他的才华惊得目瞪口呆。

“天啊，你这小家伙真是一个天才！”

莫扎特的父亲利奥波德知道，在偏僻闭塞的萨尔茨堡小城里，音乐是不可能搞出名堂的。为了进一步发掘小莫扎特的音乐天赋，当莫扎特5岁时，利奥波德作出了重要决定：辞掉萨尔茨堡宫廷的一切音乐职务，带着儿子莫扎特到世界音乐之都维也纳去深造。

为了让孩子们开阔眼界，父亲先带着孩子们到外地去演出，6岁的莫扎特和姐姐一起到维也纳、慕尼黑等各地演奏，他们的表演获得了观众热烈的掌声，尤其是莫扎特的表演，听众经常要莫扎特加演好多曲子。

在音乐大师海顿的启蒙调教下，莫扎特瞬间变得心开目明、颖悟绝伦：无论是协奏曲、四重奏、歌曲、小夜曲、奏鸣曲、弥撒曲、歌剧还是交响曲，天赋使莫扎特对创作各种题材、各种技巧、各种艺术、各种内涵和各种风格的音乐得心应手，如鱼得水，易如反掌。当时，莫扎特还用八个星期的时间创作了三部传世的交响曲：《降E大调交响曲》、《g小调交响曲》和《米兹特交响曲》。

在莫扎特14岁那年，他遇到了音乐大师巴赫，巴赫非常喜欢这位音乐天才，于是亲自指导他的演奏和作曲。

出色的音乐天赋被父亲及时发现并得到积极的教育和引导，这为莫扎特的音乐生涯奠定了极为重要的基础。而日后师从名门，以及莫扎特自身的勤奋努力使他最终在世界乐坛上彪炳千秋，流芳万古。

巴尔扎克的故事：天赋+勤奋=成功

法国伟大的批判现实主义作家巴尔扎克在他20余年的写作生涯中，创作了了91部不朽的传世之作。在这些作品中，他一共塑造了2400多个不同类型的人物形象，给后世子孙留下了宝贵的艺术珍品。人们不禁要问，巴尔扎克是怎样利用这样短暂的时间来创作这么多的世界名著的呢？除去巴尔扎克自身的文学天赋以外，他还有个创作时间表：从半夜到第二天中午工作，也就是说在椅子上坐12个小时，专心修改稿件和写作；然后，从中午到下午4点阅读各种报纸杂志，5点用餐，5点半才上床睡觉，到半夜又起床继续工作……

法国一位传记作家介绍说："每三天巴尔扎克的墨水瓶就得重新装满一次，并且得用掉十个笔头。"由此可见，天赋加勤奋是巴尔扎克成才的主要原因，下面我们就来讲讲巴尔扎克成才的故事吧。

巴尔扎克的父亲是个农民，为人善变，1789年资产阶级大革命时巧妙钻营，当上了图尔师的军需官，后来混迹银行界，家庭逐渐兴旺起来。

1797年，年近50岁的老巴尔扎克娶了年方18岁的银行家的女儿，这就是巴尔扎克的母亲。

巴尔扎克虽然是长子，但很少得到家庭的温暖，出生不久便被送到图尔近郊，由一个宪兵的妻子抚养，几乎被家人遗忘。稍大一些便被送到旺多姆教会学校寄读，过着极其严格的幽禁生活。学校的制度古板而严肃，教师冷漠而残酷，回到家以后他得不到父母的宠爱，有的只是接连不断的白眼和呵斥。巴尔扎克对母亲先是害怕，后是冷淡，最后发展到憎恨，他说："我从来没有母亲，她实在太可怕了。"

巴尔扎克决意到书籍的王国里去寻找他的乐趣。他说："只有读书才能维持我的头脑活着。"1813年，巴尔扎克带着狂欢后的倦怠离开这所学校，1814年随父母迁往巴黎。在巴黎，巴尔扎克以超人的忍耐力想尽一切办法完成了学业，并顺利进入大学学习法律。在校期间，巴尔扎克去律师事务所当文书。这使他认识到巴黎是可怕的魔窟，更看到了资本主义法律的虚伪，为他日后的创作提供了最好的素材。

巴黎的圣安东郊区莱特居耶尔街9号的一间阁楼是巴尔扎克献身文学的起点。1820年《克伦威尔》创作的失败，使他的生计受到了影响，父母也向他发出最后的通牒。为了生存，他决定与"魔鬼"订立契约，"卖文"为生，发表了许多"日常消费"的浪漫小说，这些小说光怪陆离，杂乱无章，粗制滥造，平庸无奇，但发表时他用了笔名。

1825年，他又异想天开，与一位出版商合作，出版古典作品，谋求利益，结果欠债达万余法郎。为了还债，他相继经营印刷厂、铸字厂，结果更是债台高筑。但是作为商人无非是丢失些钱财，而作为文学家，他获得了无比丰厚的创作素材。

1829年3月《朱安党人》的问世，标志着一个伟大的文学家的诞生。他的创作进入了一个全新的时期。这是他以现实主义的手法写作的第一部成功作品。作品无论从结构、表现技巧以及军事细节方面都显示出伟大小说家的才华，为巴尔扎克向现实主义文学道路的发展奠定了坚实的基础。

此后，1830年到1832年，作为文坛新秀，他接连创作了17个中短篇小说，显示出惊人的创作速度与文学天赋。以后的岁月，佳作迭出，特别是《高老头》、《欧也妮·葛朗台》以及《幻灭》的发表。巴尔扎克对现实观察之仔细，对社会本质揭露之深刻，塑造人物形象之生动，艺术手法之高超，使他无可争议地立于世界文学史一流作家之林。

安徒生的故事：插上想象的翅膀高飞

汉斯·克里斯蒂安·安徒生，是世界最著名的童话作家，众所周知的“童话之王”。安徒生的幼儿时期，有着与一般孩子不一样的童年，但也给他后来的创作人生埋下了厚实的基石。

安徒生出生在一个穷苦人家，刚生下来时，比一般的婴儿都小，显得娇小可怜。尽管家里一贫如洗，但是一家人相亲相爱。安徒生从小就是一个幸福的孩子，在父母的疼爱中逐渐长大。

安徒生的家很简陋，只有一间小屋子，破凳烂床把这个小小的空间塞得满满的，没有给孩子留下多大的活动空间。然而，就是这么一间破烂的小屋，父亲却把它布置得像一个小博物馆似的，墙上挂上了许多图画和做装饰用的瓷器，橱窗柜上摆了一些玩具，书架上放满了书籍和歌谱，就是在门的玻璃上，也画了一幅风景画……父亲常给安徒生讲《一千零一夜》等古代阿拉伯的故事，有时也给他念一段丹麦喜剧作家的剧本，或者英国莎士比亚的剧本。这些书本中的故事使小安徒生浮想联翩，常常情不自禁地取出橱窗里父亲雕刻的木偶，根据故事情节表演起来。这还不能让他感到满足，他还用破碎的布片给木偶缝制小衣服，把它们打扮成讨饭的穷人、没人理睬的穷小孩、欺压百姓的贵族和地主等，并根据自己的实际生活体验编起木偶戏来。为了扩大孩子的眼界，丰富孩子的精神世界，父母同意和鼓励安徒生到街头去看油嘴滑舌的生意人、埋头工作的手艺人、弯腰曲背的老乞丐、坐着马车横冲直撞的贵族和伪善的市长、牧师等人的生活，获得各种感性经验。

到夏天的时候，父母总是带着安徒生到森林里去野餐。每次野餐总是把家中仅有的肉类和乳酪全部带去，以求尽兴。置身于大自然中，小安徒生是最快乐的，他热爱周围的花、草、虫、鸟；他好奇地端详着它们，他要探究花草的种类和虫、鸟的区别。他把灯芯草做成小船放入河中，让它顺流而下。大自然的一切都是那么神奇，美妙，小安徒生陶醉了，他涌起了一股作诗的念头。当时，他还以为自己会成为一个诗人呢！

安徒生的幼年是在欧登塞镇度过的，这种多姿多彩的迷人的乡间生活，大大地激起了他的幻想，仿佛是美妙的梦塞满了安徒生幼小的心灵。除了父母之外，安徒生的祖母也非常疼爱他。祖母是一位慈祥、可亲的老人，她经常抱起安徒生，放在自己的膝盖上，讲好多好多有趣的传说给他听。祖母在一家慈善医院工作，负责整理庭园。因为这家医院的庭园里种植了各种各样美丽的花卉，色彩艳丽，香气宜人，非常吸引小安徒生，为此他经常跑到那儿去找祖母玩。平时，小安徒生就在庭园里蹦蹦跳跳、弄弄花草。玩腻了就跑到医院的病房外，带着恐惧的心情，偷偷地窥探那些病人。

安徒生喜爱幻想，他用身边发生的各种事情，看到的特殊的人，甚至父亲给他做的玩具，诸如万花筒、活动玩偶等，来编织出梦境中各种各样的稀奇古怪的故事。

小时候，安徒生时常提着小吊桶到附近的小村去索取牛油、牛奶之类的东西。傍晚经过小山丘时，他心里就会担心，会不会有幻影、魔鬼之类的怪物出现？带着这些荒诞怪异的念头，安徒生的脑袋开始幻想各种故事，最终成了一名著名的童话作家。

安徒生的早年可以说是艰苦，但是环境又给予了他想象创作的空间。父亲的故事，母亲的善良勤劳，祖母的爱……都成为安徒生早年获得的宝贵经验，使之日后的创作大放光彩。

托尔斯泰的故事：父亲的教育重于泰山

列夫·托尔斯泰，俄国作家，1828年9月9日出生于图拉省克拉皮文县的贵族家庭。托尔斯泰的父亲是尼古拉·伊里奇伯爵，母亲玛丽亚·尼古拉耶夫娜是尼古拉·谢·沃尔康斯基公爵的女儿。托尔斯泰的母亲很早便离开了人世，所以列夫·托尔斯泰的早年教育，主要是来自父亲的影响。

托尔斯泰的父亲为人和蔼，为大家所称赞，他懂得人的心理，知道如何与人交往。和所有的退役军人一样，漂亮的服饰并不适合他，当他穿上流行的礼服或燕尾服时，好像是脸部化了妆似的不自在。所以，他经常喜欢穿一些剪裁合身而又舒适的便服，这样的打扮让托尔斯泰觉得父亲很容易亲近。

托尔斯泰的母亲很擅长弹钢琴，父亲尼古拉也很喜爱音乐。但是，尼古拉对于像贝多芬的奏鸣曲那样深奥难懂、令人昏昏欲睡的作品并不太喜欢；他喜欢选择自己能伴奏的小品，或哼一哼朋友所作的浪漫歌曲，或是吉卜赛之歌和各种歌剧，而这些，孩子们也很喜欢。

尼古拉结婚后，虽然忙着管理广大的私有土地，但仍然是个喜爱读书的人，家里二楼的书房里，摆满了法国古典文学、俄国文学、历史以及科技等方面的书籍。这些书籍对托尔斯泰的成长起到了十分积极的作用。

有些有钱人家不喜欢读书，但为了炫耀自己的教养，往往买些书来摆在书橱内作为装饰品，可是尼古拉却坚持教导托尔斯泰在上次所买的书未读完以前，绝不再买新书。这种信条虽然有点难以实现，但是托尔斯泰还是在父亲的教导下努力去遵循。

尼古拉最喜欢传记和诗，而托尔斯泰也常要求父亲讲故事或念诗给他们听，于是尼古拉便朗诵普希金的诗给他听，然后让他们也跟着朗读。

尼古拉还教孩子们画画，而孩子们都很喜欢他的指导。虽然，尼古拉并不是一位画家，但是他所画的东西，在孩子们眼中却比其他任何画家的都高明。

通常，尼古拉都为孩子画一些传说中有名的“火鸟”。除了火鸟之外，他还画一些孩子们从来没有看过的在海上吐着烟航行的汽船，以及莫斯科的都市生活写实，有时也画穴居于河边的海狸。在这些方面，他总是努力做到有耐性、有教养，同时对孩子很温和。

1837年夏天，命运之神夺走了这群孩子所仰赖的父亲，那时托尔斯泰才9岁。

父亲去世后，托尔斯泰总是能清楚地记起父亲曾经对自己讲过的话。每当他走在莫斯科街上，总觉得父亲正从街道的某一个角落对他微笑着走过来，当这种情形出现时，他总是暗暗地对自己说：“不，父亲没有死，他还活着。”

托尔斯泰的童年，可以说是不幸的，因为母亲早逝，父亲在他9岁时也去世了。但是他还是幸福的，因为在最宝贵的童年里，他得到了父亲的熏陶和教育，已经为他以后的人生道路铺下了坚固的铺垫。

麦克斯韦的故事：父爱育天才

在近代科学史上，有一位划时代的杰出数学家、物理学家，他在电磁理论和统计力学方面的贡献，至今仍影响着当代科学技术的发展，这个人就是詹姆斯·麦克斯韦。他英年早逝，去世时只有48岁。在世时，他的学术思想不为社会所理解，多年后其理论才被证明是正确的，麦克斯韦被公认为是“牛顿以后世界上最伟大的数学物理学家”。麦克斯韦在学术上取得的成就与他的家庭教育，特别是他的父亲约翰·麦克斯韦的培育是分不开的。

詹姆斯·麦克斯韦的父亲约翰是律师，但十分爱好科学技术，是位业余的工程师。1831 年 11 月 13 日，小麦克斯韦出生在苏格兰古城爱丁堡附近格伦莱庄园。在孩提时期，父亲约翰就很重视对儿子的科学启蒙教育，母亲则教他识字、算术和诗歌。

一天，小麦克斯韦站在窗口，手中拿了一块磨得发亮的铁皮，无意间将太阳光反射到房间里，使房间照亮了。小麦克斯韦顿时欢天喜地大声叫嚷：“我捉住了太阳！”淘气的小麦克斯韦把从铁皮反射的光照在父亲的脸上，使约翰眼花缭乱，他高兴地说：“太阳照在爸爸的脸上了。”约翰对此非常高兴，他看到小麦克斯韦有善于观察事物的能力，认为应当培养儿子对科学的兴趣和爱好。

麦克斯韦 8 岁时，母亲因病去世。教育麦克斯韦的重担全部落在约翰的肩上，父子朝夕相处，相依为命，感情越加亲密了。1841 年，麦克斯韦 10 岁了，为了使儿子受到更好的教育，约翰送他到当时苏格兰最好的中学——爱丁堡中学读书，并寄宿在姑母家。每到周末，约翰都要从乡下来到爱丁堡看望儿子，这也是麦克斯韦最高兴的一天。父亲常带他到博物馆参观，麦克斯韦可以提出各式各样的问题与父亲讨论。

一天，他们来到爱丁堡皇家学会科学大厅，见到展台上摆放着一台构造奇特、从未见过的装置：有一只铜质大圆盘搁在金属支架上，马蹄形磁铁的两极置于圆盘两侧，在圆盘的转轴和圆盘的边缘各连接着一根导线，这两根导线接在电流计上。当圆盘转动起来后，电流计的指针发生偏转，这意味着导线里有电流通过，而且更奇怪的是指针的偏转角随圆盘的转速的增加而增大。麦克斯韦完全弄不明白为何在马蹄形磁铁之间转动的铜圆盘会有电流，他问父亲这是什么道理。约翰只是说这是装订工出身的大科学家法拉第发明的，道理自己也不清楚。

从科学大厅回来，小麦克斯韦便开始钻研电磁方面的知识。从此探索电与磁之间的关系几乎伴随麦克斯韦一生。他完成了法拉第电磁感应定律的数学化，奠定了电磁理论的基础，并最早预言电磁波的存在。我们在回顾麦克斯韦在电磁理论领域的开创性贡献时，不能不感谢他父亲的远见卓识。

1844 年，13 岁的麦克斯韦升入中学四年级。他依然在周末与父亲一道去皇家学会。皇家学会除了科学分会外，还有一个文艺分会，那也是他经常去的地方。

一次，一位艺术家在讲演时表示，他认为画图与数学有密切关系。他在画布上钉上几个钉子，将细绳的一端系在钉子上，另一端连着一支笔，拉紧绳子，使笔绕着钉子转动可画出圆形，而改变绳的长度则可画出大小不等的圆。然后这位艺术家把另一根绳子的两端分别系在两个钉子上，并使笔沿着绳的内沿缓慢移动，这时在画布上出现椭圆曲线，改变两个钉的距离及绳的长度，可画出各式各样的椭圆。

麦克斯韦被这位艺术家的作图方法所深深吸引。回到家里，他一边重复那位艺术家的作图方法，一边在想对于一头大一头小的鸡蛋来说，其蛋形曲线该怎样作图呢？他找来了一些钉子和绳子，一次次地试都没有结果，冥思苦想也不得要领。一个多月过去了，他仍未找到画蛋形曲线的方法。

一天，他边听音乐边思索他的蛋形曲线，突然他觉得为何不把绳子的绕法改一下，使两钉间的绳长可改变呢？几经试验，他终于找到画蛋形曲线的方法——果然画出来的曲线一头大一头小，像个鸡蛋。这是世界上第一个用几何作图法画出的蛋形曲线，这时麦克斯韦才14岁。

麦克斯韦画出蛋形曲线后并未就此止步。他想，圆和椭圆可用数学方程表示，那么蛋形曲线也可以。经过反复运算他终于找到了蛋形曲线的数学方程。麦克斯韦高兴极了，他把运算过程写了一篇论文，送给他的父亲约翰看。约翰虽不能判断论文是否正确，但他意识到，对麦克斯韦来说，这是一件非常重要的事。于是约翰将论文送请爱丁堡大学数学教授福布斯审定，福布斯教授确认论文无误，方法简洁，富有创新。

为了表彰这位少年数学家，爱丁堡皇家学会于1846年6月4日特地组织了一次报告会，宣读麦克斯韦的论文《关于蛋形曲线的绘制》，由于麦克斯韦年龄尚小，所以论文由福布斯教授代读。皇家学会还授了一枚金质奖章给这位少年数学家。

1847年，麦克斯韦中学毕业进入爱丁堡大学学习数学和物理。在学习中充分显示出他的数学才智，他在爱丁堡皇家学会学报上发表了题为《滚动曲线的理论》的论文。转眼间，三年的大学生活过去了，福布斯教授认为爱丁堡的天地对这位青年来说太小了，应当送他到剑桥大学去深造。于是这位教授去拜访约翰，并讲述了他的想法。约翰虽然担心年纪尚小的儿子只身远行，生活上缺少照顾，自己又无法从乡下赶去与儿子团聚，但为了小麦克斯韦的事业和前途，他同意了福布斯的建议，让儿子到英格兰的最高学府去接受科学洗礼。

麦克斯韦到剑桥后深深怀念挚爱他的父亲，他几乎每周都要给父亲写信谈自己的学习收获、感想和见闻。麦克斯韦学习成绩异常优秀，1854年他以甲等优秀生第二名的成绩毕业，并留校工作。然而他的父亲因身体衰弱，未能参加他的毕业典礼。

1854年圣诞节，他回到故乡探望病中的父亲，两人有说不完的话。但老人家的身体很差，多走一点路都气喘不止，麦克斯韦想留在家里多一点时间照顾父亲。虽然他已利用在乡间的数周时间完成了水平很高的论文《彩色实验和眼睛视觉》，但约翰仍不愿意影响儿子的研究工作，因为这时麦克斯韦正着手法拉第电磁感应的数学化的研究。尽管假期还未结束，约翰执意不让儿子久留，在他的一再催促下，麦克斯韦只好提前返校。

临别时，约翰久久地站在寒风凛冽的路边，望着远去的儿子。又过去了一年，父亲的身体越来越差，为了照顾父亲，小麦克斯韦决定中断在剑桥的研究工作，约翰得知后阻止了他。恰好这时在爱丁堡附近有一所大学空缺教授职位。于是麦克斯韦接受了聘请，这样他可用较多的时间照顾父亲。虽然他精心照看，父亲的病情仍然日益恶化，于1856年4月3日与世长辞。

人们在回忆起麦克斯韦的科学成就时，不能不感谢他的科学指路人——慈父约翰以及他的启蒙导师福布斯教授。

瓦拉赫的故事：总有天赋会被找到

奥托·瓦拉赫是诺贝尔化学奖获得者，他的成才过程极富传奇色彩。

瓦拉赫在开始读中学时，父母为他选择的首先是一条文学之路，不料一个学期下来，老师为他写了这样的评语："瓦拉赫很用功，但过分拘泥。这样的人即使有着十分完善的品德，也绝不可能在文学上发挥出来。"因此，当时瓦拉赫的父母只好尊重老师的意见，然后根据瓦拉赫的意愿，让他改学油画。可是没过多久，瓦拉赫在画画方面的劣势又显现出来了——他既不善于构图，也不会润色，对艺术的理解力也不强。他的画画成绩在班上是倒数第一，学校的评语更是令人难以接受："瓦拉赫在绘画方面无可造就。"

面对如此"笨拙"的孩子，绝大部分老师认为他已成才无望，而只有化学老师认为他做事一丝不苟，具备做化学实验应有的品格，建议他试学化学。父母接受了化学老师的建议。这下，瓦拉赫的智慧火花一下被点着了。文学艺术的"无可造就之才"一下子变成了公认的化学方面的"前程远大的高材生"。在同类学生中，他的化学成绩遥遥领先……

瓦拉赫的成功，给我们教育的启示很深。

首先，应该看到，每个孩子的智能发展是不均衡的，每个人都有各自智能的强项和弱项，一旦孩子找到他自己智能的最强项，便会将智能天赋与潜力充分地发挥出来，从而取得惊人的成绩。

其次，孩子在某一方面“笨”，并不代表着他没有其他方面的天赋与优势，实际上往往是因为我们暂时没有发现他的潜在能力。我们之所以觉得孩子“笨”，绝大多数都是因为我们只看到他们的弱项，而没有发现他们的强项。如果哪一天我们发现了他们的强项，那么，他们就会变成这方面“前程远大的高材生”。因此，不要因为孩子在某一方面“不可造就”，就将其整个人及其今后的发展全部否定。

最后，父母要努力帮助孩子找出其最强项，也就是孩子潜在的天赋。由于经验和能力所限，年少的孩子不一定能了解自己的强项，这就要求父母多与孩子接触，多研究孩子，必要时还可请有关的专家为孩子研究适合其发展的最佳方向，以便及早使其得到最佳的发展，成为有用之才。

欧内斯特·卢瑟福的故事：敢想敢做才能成功

欧内斯特·卢瑟福出生于一个平凡的苏格兰农民家庭，但是幼年时父亲给卢瑟福的影响，却改变了这位科学巨人的一生。

卢瑟福的父亲是一个极普通的农民，但同时也是个喜欢动脑筋、喜欢思考的人，非常勤奋又富有创造性。

卢瑟福的父亲开办亚麻厂时，就曾试验用几种不同的方法浸渍亚麻，并选用本地的优良品种，结果他的产品在当时同类产品中，被认为是最好的一类。他还尝试设计一些装置来提高工厂的工作效率，利用水力驱动机器。

卢瑟福的父亲非常鼓励卢瑟福自己动脑筋，在父亲的不断引导和潜移默化的影响下，卢瑟福从小就喜欢动手、动脑，与同龄小朋友相比，显示出一定的创造天赋。

在卢瑟福家里有一个用了多年的钟，已经非常旧了，经常停，很耽误事，家人都觉得没有办法再修了，想将它扔掉。卢瑟福却想，自己一定能将这个钟修好。所以，无论大人怎样说，他就是不肯将这个钟丢掉。他将旧钟拆开，检查里面所有的零件，找出钟停的原因。他小心翼翼地把每一个零件调整好，清理钟内多年的油泥，重新按照自己的想法把钟装好。果然如他所料，钟不仅被修好了，而且还走得非常准时。

卢瑟福在获得诺贝尔奖之后接受采访时表示，自己童年的这些尝试、冒险，就是今天科学成就的基础。成就的根源就在于“敢想”，并且“敢做”。

作为父母，要多鼓励孩子大胆地动手，尝试将自己的想法变为现实，让孩子实实在在地确认自己的想法是否可行。无论我们多么努力地直接告诉孩子“实践出真知”的道理，也不及孩子通过自己的体验所获得的感触深刻。

让孩子自己去尝试，无论成功与失败，都是孩子自己的财富。

爱因斯坦的故事：好奇心点燃天赋

及时发现孩子的特殊天赋并加以培养与引导，是每一位为人父母者的天职。可是，怎样才能找出孩子处于沉睡状态的潜在能力呢？这就需要父母仔细观察孩子生活、成长的点点滴滴，带着爱与赏识的目光，去捕捉孩子身上的天赋信号。

阿尔伯特·爱因斯坦出生在德国一个犹太人家庭里。他小的时候看上去一点也不活泼、聪慧，甚至到两岁半的时候，还不会说话。家里人怀疑他智商有缺陷，但他的父亲却注意到了他身上的一些小细节，并坚信他是个有天赋的孩子，只是还没有“开窍”。

爱因斯坦最初引起父亲的关注，缘于一只小小的玩具罗盘，那是他生病时得到的小礼物。这件礼物让一直郁郁寡欢的爱因斯坦变得开朗起来，他用小手捧着罗盘，观察着里面那根不时轻轻抖动的小针。把罗盘转了一个方向时，他发现那根小针却没有随罗盘一起转动，而是坚定地指向一个方向。“咦？怎么会这样呢？”爱因斯坦惊奇地叫了起来。他又把罗盘高高举起来，颠来倒去地转动，可小针的指向始终不变。

爱因斯坦坚信这个“神奇”的罗盘背后肯定隐藏着什么东西，他像着了魔似的整天抱着这只罗盘，想弄明白事情的真相。最终还是父亲为他揭开了谜底，告诉他罗盘的指针是因为受到地球磁场的影响而永远指着北方。有了罗盘，人们无论是在茫茫大海中，还是在茂密的森林里，都不会迷失方向。

爱因斯坦听得似懂非懂，又想让父亲解释什么是“磁场”，可父亲却一时半会儿也说不清楚。于是爱因斯坦又去找读过大学的雅各布叔叔，问了一连串的问题，那些奇怪问题甚至把雅各布叔叔都难住了。

这件小事给父亲留下了深刻的印象，他发现儿子虽然不爱说话，但遇到问题总是喜欢钻研，家里买来的小玩意儿，别的孩子看过就放在一边，爱因斯坦却总是锲而不舍地耐心学习如何使用这些东西。而且爱因斯坦对于自己喜欢做的事情还特别专注，他会耐心地花上好几个小时用积木搭建一座超过14层高的玩具房屋，其间无论发生什么事都无法影响到他，这种全神贯注的精神也正是从事科学研究的人所必不可少的。

父亲循序渐进地对爱因斯坦的科学天赋进行启蒙和培养，努力满足他探索事物原委的好奇心，把打开自然科学殿堂大门的第一把钥匙递给了他。而雅各布叔叔在这方面也给了爱因斯坦很多帮助，经常和他讨论一些数学问题，点燃了爱因斯坦对数学的浓厚兴趣。

有一天，叔叔在纸上画了一个直角三角形，在各个顶角处标上了符号A、B、C，并写出勾股定理这一公式，然后满脸神秘地对爱因斯坦说：“这就是大名鼎鼎的毕达哥拉斯定理，你在数学方面有天赋，你也来试试吧！毕达哥拉斯在两千多年前就会证明了。难道两千多年后的阿尔伯特，就不能证明出来？”

那时爱因斯坦还没有学过几何课程，12 岁的他对几何一无所知。爱因斯坦自尊心强，而且生性好强，尤其在科学的探讨上从不肯认输，有一股钻研的蛮劲。叔叔的一席话深深地激发了他的好胜心。他想：“毕达哥拉斯两千多年前就会证明了，难道我爱因斯坦就不会做？我又算什么呢？”强烈的好奇心和好胜心驱使着他下决心试一试。他每天苦苦思索，努力寻找证明的方法，第一周过去了，第二周也过去了，还没有任何结果。爱因斯坦并不气馁，他继续反复琢磨和思考，终于在第三周的最后一天，独立地把这个定理证明出来了。

就这样，曾经被人认为愚钝不堪的爱因斯坦逐渐成了人们眼中的天才：11 岁就读完了一套通俗科学读物，12 岁就自学了欧几里得几何，17 岁时就因出色的数学和物理学成绩被苏黎世联邦理工学院破格录取，26 岁时就在光电效应理论、布朗运动理论和狭义相对论三个不同领域中取得了重大突破和历史性成就，成为 20 世纪最有影响的自然科学家和物理学家。

爱因斯坦身上的种种出众之处，正是他的父亲通过细心观察，从生活中的点点滴滴而发现的。而雅各布叔叔在引导爱因斯坦证明毕达哥拉斯定理时运用了激将法，起到了很好的教育效果。我们的家长在教育孩子的过程中，不妨根据孩子的天赋及心理特点，采取一点激将法，也许能产生一些出奇制胜的效果呢！

比尔·盖茨的故事：在思考创造中成长

比尔·盖茨出生于1955年10月28日，他和两个姐妹一起在西雅图长大。他们的父亲是西雅图的一名律师，他们的母亲曾任中学教师、华盛顿大学的校务委员以及主席。

盖茨拥有好多个“世界之最”，例如：他是有史以来最年轻的世界第一富翁；他是人类历史上第一个靠电脑软件积累亿万财富的先行者；他是首先开发利用高科技和高智商，创造巨大财富的典范……那么盖茨是怎样的一个人呢？他的事迹有许多厚厚的书作了详细的介绍，这里单讲他几个小时候的故事，或许能够帮助各位爸爸妈妈思考如何教育自家的孩子。

盖茨从小就精力过人，早在婴儿时期就能自己让摇篮晃动起来，他从小就极爱思考，一迷上某事便能全身心投入。而外祖母循循善诱的启蒙教育和父母自由包容的教育理念，无不为他天赋的发展提供了肥沃的土壤、清新的空气。

盖茨三四岁时，母亲外出总是把盖茨带在身边，当她在学校里向学生讲解西雅图的历史和博物馆的情况时，盖茨总是坐在全班最前面。尽管盖茨是个好动的孩子，但在教室里他表现得比其他学生还要专注、认真。

盖茨从小酷爱读书，尽管他是个孩子，但他喜爱读成人的书。在自己家里，他可以随意翻阅父母的藏书。7岁的盖茨最喜欢看的是那套《世界图书百科全书》。他经常几个小时地连续阅读这本几乎有他体重1/3沉的大书，一字一句地从头到尾地看。他常常陷入沉思，感叹小小的文字和巨大的书本，里面藏着多么神奇和魔幻般的一个世界啊！文字的符号竟能把前人和世界各地的人们无数有趣的事情，记录下来，又传播出去。他又想，人类历史将越来越长，那么以后的百科全书不是越来越大而又笨重了吗！能有什么好办法造出一个魔盒来，只要小小的一个香烟盒那么大，就能包罗万象地把一大本大百科全书都收进去，那该有多方便。这个奇妙的思想火花，后来竟被盖茨实现了，而且实际的“魔盒”比香烟盒还要小，只要一块小小的芯片就行了。

盖茨看的书越来越多，想的问题也越来越多。一次忽然对他四年级的同学卡尔·爱德说：“与其做一棵草坪里的小草，还不如成为一株耸立于秃丘上的橡树。因为小草千株一律，毫无个性，而橡树则高大挺拔，昂首苍穹。”他坚持写日记，随时记下自己的想法，小小的年纪常常如大人般的深思熟虑。他在另一篇日记里写道：“也许，人的生命是一场正在焚烧的‘火灾’，一个人所能去做的，就是竭尽全力要从这场‘火灾’中去抢救点什么东西出来。”这种“追赶生命”的意识，在同龄的孩子中是极少有的。

盖茨的外祖母特别喜欢和聪明的小盖茨一起做游戏，尤其是一些智力的游戏。她教盖茨下跳棋、玩筹码、打桥牌等。玩游戏时，外祖母总爱对小比尔说：“使劲想！使劲想！”她也常常为盖茨下的一步好棋、打的一张好牌而拍手叫好。外祖母还经常让盖茨读书，给他讲故事，盖茨从中受益匪浅。外祖母意识到盖茨在思维与记忆上的潜力，总是不失时机地激活比尔这方面的潜能，有时祖孙俩到公园散步，外祖母常会与盖茨交流下棋的技术或看某篇佳作，让盖茨寻找更新下法或表达更独到精辟的见解。

小盖茨的父母还尽可能鼓励和提供他各种机会。在他逐渐长大后，父母鼓励他参加童子军的野营活动。有一次暑假童子军的80公里徒步行军，时间是一个星期，他穿了一双崭新的高筒靴，显然新鞋不大合脚，每天13公里的徒步行军，又是爬山，又是穿越森林，使他吃尽了苦头。第一天晚上，他的脚后跟磨破了皮，脚趾上起了许多水泡。他咬紧牙关，坚持走下去。第二天晚上，他的脚红肿得非常厉害，开裂的皮肤还流了血。同伴们都劝他停止前进，他却摇摇头，只是向随队医生要点药棉和纱布包扎一下，又要了些止痛片服用，继续上路了。就这样他一直坚持，直到领队发现他的脚发炎得非常严重，下令医治，才中止了这次行军。盖茨的母亲从西雅图赶来，看到他双脚溃烂的样子时，难过地哭了，直埋怨儿子为什么不早点停止行军。盖茨却淡淡地说："可惜我这次没有到达目的地。"

随着年龄的增长，家庭中的环境已无法满足盖茨天赋的进一步发挥。于是，父母把目光投向社会，积极为盖茨寻找属于他的空间。在一次活动中，比尔·盖茨给班上准备一份报告，叫《为盖茨股份有限公司投资》。这篇报告几乎成了全家人的事，他的外祖母帮着弄封皮，连父亲也插手帮忙，气氛很活跃。

小学毕业后，父母在征求盖茨意见后，送他进了湖滨中学。在湖滨中学读书时，他常按自己的兴趣爱好来安排学习。盖茨在喜欢的课程上下工夫，学得非常棒，后来痴迷上令他最终倾注毕生精力的计算机。

中学毕业后，盖茨很想到哈佛大学去读书，这也正是父母最大的心愿。幸好，盖茨的父母并没有像其他父母那样把孩子看做是自己的私产，必须让孩子们来完成父母喜欢的事。经过冷静思考后，父母放弃了让儿子当律师的想法，让盖茨在大学领域里自由发展。这一点帮了盖茨的大忙。

但一年后，更大的难题摆在了盖茨的父母面前：比尔·盖茨要离开哈佛，放弃进修学业，与别人一起创办计算机公司！盖茨与父母多次交谈，平静地表达了自己的想法。了解儿子秉性和志向的父母又能说什么呢？或许儿子的天赋与计算机事业是最佳的切合点吧。比尔·盖茨便毅然离开了令亿万学子向往的哈佛大学，开始在软件领域大展宏图。1975年盖茨正式创办微软公司，二十年后，成为世界首富，并连续蝉联13年。

比尔·盖茨的成功是个人天赋与家庭教育共同作用的结果。他的故事告诉我们：一、我们应注重对孩子天赋的培养与保护；二、培养孩子的爱思考的专注能力是十分重要的。

傅雷的故事：做孩子的“伯乐”

傅聪是我国著名翻译家傅雷的长子，世界一流的钢琴演奏家，多年来蜚声乐坛，享誉海内外。他19岁时参加第四届世界青年与学生和平友谊联欢节国际艺术比赛，获钢琴三等奖；21岁时，参加第五届肖邦国际钢琴比赛，获三等奖。傅聪是中华人民共和国成立后，第一位参加肖邦钢琴比赛并获奖的人，他对肖邦灵魂的深刻感受、对肖邦作品的精湛演奏，震惊了中外乐坛。

傅聪成名后，当人们问及他艺术成长的道路时，他总是把父亲称作他学音乐的第一位老师。那么傅雷是怎样指引孩子在人生和音乐的海洋中劈波斩浪、奋勇前进的呢？

还在傅聪很小的时候，傅雷就发现了他的音乐天赋。当然这是一个曲折的过程。

傅雷对教育子女有独到的见解。他认为每一个人都有自己的天赋，不能逆天赋而行。当傅聪还在三四岁时，傅雷就开始在他稚嫩的心灵活动中寻找他天赋的闪光点，为他铺筑人生之路了。

最初，傅雷打算让傅聪学习美术，因为傅雷觉得自己精通美术理论，又有许多朋友是中国画坛巨匠，如果傅聪能拜他们为师，博采百家之长，定会在绘画上大有作为。

谁知傅聪不是绘画的料，他在学画时心不在焉，胡乱涂鸦，没有章法，毫无美术天赋。但是他很钟情于家里的那架手摇留声机，每当留声机播放音乐时，他总是一动不动地靠在它旁边静静地听，往日的那种调皮不见了，俨然一副入神的模样。经过观察，傅雷果断地让傅聪放弃学画而改学钢琴。虽然傅聪这时已7岁多了，但他学琴仅几个月，就能背对钢琴听出每个琴键的绝对音高，得到了启蒙老师的肯定。于是，傅雷最终认定傅聪确实具有音乐天赋。

自从与钢琴结缘后，傅聪如鱼得水，每天放学回家做完功课就全身心地扑在钢琴上。若不是亲眼目睹，很难相信这悠扬悦耳的琴声竟出自一个小男孩之手，当然，这与父亲的严格要求和循循善诱不无关系。有一次，傅聪弹得兴起，心头不知来了什么灵感，忽然脱离了琴谱，奏出自己的调子来。在楼上工作的父亲，从琴声中觉察到了异样，便轻轻下楼来。傅聪见父亲来了，怕父亲责备，连忙又回到琴谱上来。但傅雷并不是来挑错的，他让孩子重新弹奏刚才的自奏曲，听了一遍，又听了一遍，并亲自用空白五线谱把曲调记下来，说这是首创作得很好的曲子。

当傅聪琴艺有了长进之后，父亲让他退学，在家专门练琴，自己亲自编课本，教他中文。

1954 年 8 月，国家派遣傅聪到波兰学习钢琴。次年 2 月，经过 1 个月的紧张角逐，他摘取了第五届肖邦国际钢琴比赛的“玛祖卡”奖。比赛结束，傅聪继续留在波兰学习。当时他对在波兰学习钢琴的环境十分满意。然而，青年人的思想有如六月的天，说变就变。不久，傅聪产生了转学到苏联的想法，并得到了我国有关方面的同意。他这时还想乘转学之机，顺便回上海与阔别的父母见上一面。傅雷听说后，十分恼火，认为这是关系到儿子今后人生道路的大事，便立即给傅聪写了一封长信：“我认为回国一行，连同演奏，至少要花两个月；而你还要等波兰的零星音乐会结束以后方能动身。这样，前前后后要费掉 3 个多月。这在你学习上是极大的浪费。”此后，傅雷不间断地给傅聪写信，劝儿子一定要经过理智“天平”的权衡，并帮他作了得失利弊的分析。

之后，傅雷一直坚持自己对儿子转学所持的反对态度，他在信中诚恳地说："亲爱的孩子，听我的话吧……20世纪的人更需要冷静的理智，唯有经过铁一般的理智控制的感情才是健康的，才能对艺术有真正的贡献。"

傅聪终于听了父亲的教诲，克制了转学的冲动，继续留在波兰潜心于钢琴的学习。一颗耀眼的音乐之星在父亲的教导下冉冉升起。

千里马需要伯乐的发现，才能为世人所青睐。而一个孩子的天赋，也需要人去发现和开发，家长便是孩子的第一个"伯乐"。做"伯乐"不是一件很容易的事，首先要善于"发现"，就像傅雷一样，具有一双发现的眼睛；其次是善于开发，也就是培养。每一个孩子都有自己的天赋，但并不是每一个孩子的天赋都能被父母发现，这就是家教成功与否的原因之一。

缪印堂的故事：父母的支持下成就事业

孩子的成长离不开父母的支持。著名的漫画大师缪印堂的成长正印证了这一点。父母的爱也是促使他保持对漫画的兴趣和追求的动力。

著名的漫画大师缪印堂，1935年出生在江苏南京市，被誉为"科普漫画第一人"。他在中国漫画界名气非凡。

缪印堂先生的漫画作品曾在10多个国家展出；他的科技漫画曾多次在国外获奖；他著书立说，被作为名人，列入《国际名人传词典》。几十年来，在漫画世界里，他以醉心的兴趣和创新的精神打造着他那一份其乐无穷的事业。他感激地说："是父母的支持成就了我这份其乐无穷的事业。"

缪印堂的父母都是做生意的，他们懂得一个最朴实的教育道理，那就是千万别让孩子学坏，一旦学坏就难管教了。

缪家父母性情开朗乐观，无论白天多么劳累，一家人也总是喜欢围在一起说说话，讲一些健康的笑话、俚语、谚语，讲一些幽默诙谐的故事和街头巷尾发生的逸闻趣事。少不更事的缪印堂就是在这种充满快乐的气氛中，增长了快乐和智慧，而且还懂得了故事中所包含的很多做人的道理。而这些对他选取素材和创作，有着很大帮助。缪印堂父母也希望用这种方式能让孩子明辨是非。他们认为这比说教打骂有用得多，他们"要提前给孩子打预防针"，不希望等到孩子有什么劣迹之后再去管教，那样为时已晚。所以，缪家父母再忙也要关注孩子。有一阵子，他们发现缪印堂每天放学回来都很晚，就开始悄悄地观察，原来，儿子就在他们家门口的小书摊上。看见儿子沉醉在小画书中的样子，妈妈不但不因为他晚回家而生气，反倒很高兴，她认为爱看书的孩子是不会学坏的。从此以后，妈妈就特意多给一点零花钱让他租书看。得到父母的支持，缪印堂更觉得那个小书摊是他快乐的天堂。

小画书中，那刀光剑影、千姿百态的人物造型令缪印堂百看不厌，由此他喜欢上了搜集花花绿绿的糖纸。更让他醉心的是，香烟盒里印有《水浒传》一百单八将的小卡片，还有《红楼梦》、《西游记》里的人物画像。缪印堂说："其实现在在方便面里放的卡，就是跟那时学的。"从他那得意的神态里，你还能捕捉出他孩童时代盎然的兴趣。后来，他又喜欢上了搜集漫画。就这样，他在暖阳中搜集着快乐，也搜集着浓郁的兴趣。父母虽然不知道孩子搜集这些管什么用，但只知道孩子很快乐，而这又都是正当的爱好，既然是正当的爱好，那就支持。有时父母还帮他积攒，和他一块欣赏。虽然父母不懂如何开发孩子的兴趣，但他们能够很好地保护孩子的兴趣和爱好，这使缪印堂受益一生。

要是有人问缪印堂漫画创作时触动灵感的秘密武器是什么，他会自豪地说："小本本随身带。"的确，他喜欢用眼观察，喜欢动脑思考和喜欢动手记录，而这种良好习惯的养成是与父母的支持分不开的。

父母看到缪印堂经常把搜集来的画片贴在小本上，并在旁边空白处配上自己的插图，就毫不吝啬地为他买笔买纸买本子。对于漂亮的小本本，缪印堂总是爱不释手，他觉得除了贴画，还应写点什么，于是缪印堂开始动笔了。他喜欢观察人喜怒哀乐时的表情，爱琢磨人们的心理活动，然后把人们的心理活动通过他们的表情勾勒在自己心爱的小本本上。这种习惯，一直延续至此。

缪印堂的小本本已有十几本，上面有自己瞬间的火花碰撞，有家长里短的连珠妙语，有搜集的形象或文字材料，或寥寥几笔的勾勒，或寥寥数语的记录。缪印堂把这些都比做"白薯"，他把对这些素材的加工过程看成是"烤白薯"，他说只有将这些"白薯"精心烤至一定的火候，那诱人的香味才会弥漫开来……

陈佩斯的故事：因材施教，因势利导

陈佩斯是当代著名的喜剧表演艺术家、家喻户晓的喜剧大家。他扮演的角色，特别是小品人物，给人们带来了许多欢乐。他的代表作有《警察和小偷》等。

正如许多家长“望子成龙”一样，同样是电影表演艺术家的父亲陈强，也希望儿子小时候就成为一个优秀的孩子。然而，令他失望的是，这个儿子读书不行，作业本上布满了红叉，成绩单上也常挂红灯。对此，陈强真有“恨铁不成钢”的无奈。

但这并不表明小佩斯很笨。相反，他的小聪明是人所共知的。小时候，佩斯特别爱思考问题，常向父亲问“为什么”，陈强虽然认真应对，可还是经常被儿子“难”住。

比如，佩斯问：“树上的果子熟了为什么会掉下来？”

陈强答：“因为地心有吸引力。”

陈佩斯问：“那么，为什么天上的星星没有掉下来？”

陈强答：“因为星星太遥远了。”

陈佩斯又问：“太遥远是多远？”

陈强被儿子问住了，他有点“恼羞成怒”地说：“傻小子，你问我，我问谁去？你的心思不在功课上，瞎操这个无谓的心干吗？我问你，你为啥不好好学习？”

没想到，陈佩斯回答说：“爸，我只是没把书念好，其实，我学习挺用功的。”

陈强问："那你都学些啥了？"

陈佩斯不慌不忙，将戏中自己喜爱的台词连同表演动作一齐搬了出来。《龙须沟》中有程疯子指责打过他的二流子时的一段动作和台词，陈佩斯模仿着说："把你的手伸出来……哦，原来你的手也是人手啊？"学得惟妙惟肖。演毕，陈佩斯问爸爸："爸，这难道不是学习吗？"

陈强觉得，自己的遗传加上家里平时的潜移默化在儿子身上起作用了，看来这小子是非想学戏不可了。不过，他虽然在学戏上有天赋，但功课老跟不上也不行啊，那就引导他往学艺的道上走吧。

于是，陈强对佩斯"激将"说："爸不反对你学戏，但文化基础你必须跟上去。看来你这孩子太笨，读不好书。"

陈佩斯不服："谁说我笨？"

陈强说："我说的。你要是不笨，能让成绩单上红灯挡道吗？"

父亲的话，终于激发了陈佩斯的读书积极性，促使他加紧了文化学习。

1973年，陈佩斯进了八一电影制片厂京剧团。陈强语重心长地说："你小时候学戏，模仿这个，模仿那个，只是好玩，不算什么。现在不同了，是工作。以前你的观众是你爸你妈，今后呢，观众就是成千上万的人。你必须以狮子搏兔的灵巧劲儿，全力以赴，才对得起观众。"

陈佩斯疑惑地说："爸，狮子是百兽之王，老虎都怕它三分，小小的兔子，有什么了不起的？"

陈强说:“你错了。兔子虽小,力量不可小视。一来它非常灵活,二来它由小见大。你今后即使演跑龙套的,也要有狮子搏兔全力以赴的劲头,不能掉以轻心,才能把戏演活演好。导演说戏,只是引导一下,关键要靠自己去演,要把自己化进去,这可不是儿戏啊。”

父亲的话,不断激励着陈佩斯用心和进步。应该说,没有父亲陈强的主动引导,陈佩斯就不会有以后的成功。

因势利导,努力挖掘孩子的天赋,是每一位家长都应该努力去做的事情。

李开复的故事:兴趣就是天赋

李开复在回忆录中谈到了自己上大学时转系的经过:

我在哥伦比亚大学新生入学时,没有规定专业。因为喜欢法律,希望将来做一名律师,我毫不犹豫地填了“政治科学”,属于“法学博士预科”的专业。但是,上了几门课后,我发现自己对此毫无兴趣,便开始和家人商量转系的事情。于是,我选修了一门计算机编程课。几个月下来,我发现自己在计算机方面相当有天赋。当时,我在计算机方面的表现和天赋给了我强烈的自信,也给了我对这个专业的向往和热情。而这份热情更激发了我在计算机方面的兴趣,让我自发地读书。我分明感觉到一种向前的动力在指引着我。

大学二年级的下半学年，我正式决定改变专业。我的导师非常认真地和我谈了一次以后，发现我是慎重考虑过后作出的决定。他拍了拍我的肩膀，没有多说什么，还帮我办理了转系手续。现在，我非常感谢哥伦比亚大学灵活的转系制度。它给了学生一整年的时间，一边在基础学科里学习，一边寻找自己真正的兴趣所在，学生大都在兴趣的指引下，有激情地学习。而在中国的教育体系里，我很遗憾地看到，高校设置了非常难的转系制度。而且，还有服从调剂制度，让很多孩子去学自己不喜欢的专业。这对于人才的培养，其实是个弊端。

在整个大学里，我第一学期的GPA（grade point average，意思就是平均分）只有35，第二学期的平均成绩下滑到29，而从我转到计算机专业以后，我此后三年的GPA达到了41（2个A-，14个A，10个A+），这提升了我整个大学四年的GPA，使之达到了39。这个成绩在计算机专业，是史无前例的高，我最终以全系第一名的成绩从哥伦比亚大学计算机专业毕业。可以说，转系的关键性决定，改变了我的一生，让我此后的人生都能在计算机技术领域孜孜不倦地追求。这让我深深地体会了那句话："You are good at what you love, you love what you are good at.（兴趣就是天赋，天赋就是兴趣。）"

李开复对自己的分析十分有道理，他说："我就发现自己的兴趣其实就是计算机。因为我在学计算机的时候，学得特别快，编程也特别好，周围的人都特别佩服我。"如果一件事情你做得非常好，别人就会夸你，你做这件事情就会更有成就感，所以你就会产生兴趣。如果一件事情你有兴趣，你就会整天在想，吃饭洗澡睡觉都会想，最后你可能就会发现那是你自己的天赋。”

如果孩子没有兴趣，不知道该做什么，家长应该更多地帮助孩子找到自己的兴趣。尝试不同的东西，孩子总会找到他感到兴趣的那一个。

王珮瑜的故事：天赋造就京剧“第一女老生”

当今京剧“第一女老生”王珮瑜曾在访谈节目中谈到“天赋”的话题，她如是问：“你了解你的天赋吗？”

珮瑜无疑是幸运的，她在很小的时候就发现了自己的文艺天赋，评弹、相声、各种乐器都学得有模有样，被称为“评弹小明星”。更难得的是过人的天赋一直伴随她,从而没有出现年少成名，却最终“泯然众人矣”的无奈后续。

后来，她因为舅舅说“不会唱京剧的孩子就算不上真正的‘神童’”而赌气学了京剧，又因为想挂头牌而从老旦改学了老生……真正爱上京剧之后，潜藏的天赋爆发，珮瑜自此在京剧之路上一路狂飙，20岁之前就把能参赛的大奖悉数拿下，25岁担任上海京剧院一团副团长,如今更是头顶余（叔岩）派第四代传人、“梨园小冬皇”、当今“女老生第一人”等多重光环。

当然，天赋过人的人最可能走的弯路她也一点没落下。王珮瑜说自己最年少轻狂的时候，“像螃蟹一样横着走”，“不横着走别人都觉着假”，眼睛长在头顶上，听不进任何人的劝告，一心要离开体制进行京剧改革。

但在经历种种挫折之后，她终于才真正成熟起来，对自己的事业发展有了更恰当的定位。一个人的成功，30 岁之前靠天赋，30 岁之后就要靠努力，同时也要找到适宜自己成长的社会与人际环境。

其实人和世间万物一样，汲取大地、阳光、水分的滋养，在天地间形成自己的气场，获得天赋灵气，造就自身的性格和美妙。人们常说每一颗葡萄，每一瓶佳酿都有自己的天赋秉性，然而除了天赐的灵性之外，适宜的土壤，精心的培养和酿造也不可或缺。

艺术和美酒一样，首先都要拥有天赐的灵秀，然后在不懈的努力中让天赋升华。

发现自己的天赋，用好自己的天赋，忠于自己的理想，调整自己的心态——这就是王珮瑜的天赋辩证法。

剑桥女孩的故事：一步一步培养“小天才”

孟雪莹曾是一些媒体关注的焦点，她被人们亲切地称为“剑桥女孩”，她的成才之途给已为人父母的我们以很好的启示。

1978 年初冬的一个清晨，随着响亮的啼哭声，小雪莹来到了这个世界。父母捧着这个娇贵的小公主，欣喜不已。父亲亲切地拍着女儿，说道：“欢迎我们的千金。”为了小雪莹将来能够出类拔萃，父母已经作好了一切准备，包括物质上的和精神上的。

小雪莹从来没有感觉到片刻的不安，在她成长的每一步，都能够发现爸爸妈妈为她作了精心的准备。她不光衣食无忧，而且还享受着富足的爱，爸爸妈妈早已经打定主意：凡是对她成长有利的，父母总是尽量满足她。

谁不希望自己的儿女出类拔萃？谁不期盼自己的孩子超凡脱俗？但是女孩大多是敏感的，也是娇弱的，没有父母精心的培育，没有家长的支持，孩子很难走出成功的轨迹，很难走向登峰造极。

很快，就到了上幼儿园的年龄，但她的父母并没有就此把教育的任务全部推给幼儿园。培养孩子的个性和创造性，挖掘女儿的潜质，培养女儿多方面的兴趣与爱好，成了他们对幼儿园教育的重要补充。父母把家中来客、外出旅游、吃饭穿衣等方面都看做是培养小雪莹胆识、礼貌，开发智力和潜力的良好机会。他们要让她在安定富裕的氛围中，形成一个优良的性格。

上完幼儿园时，小雪莹能背13首唐诗，会唱24首儿歌，一般的加减法她都会做，得数在1000以内的乘法基本上不会错。

在小雪莹上小学三年级的时候，爸爸妈妈终于发现了她在数学方面的天赋。为了开发孩子的潜能，他们为小雪莹报了一个特长班，别人觉得很枯燥的东西，对于她来说却很有趣。她在那里学习了两个月，做了大量的奥数习题。大脑被初步开发后，惊人的能量源源而出。随着奥数竞赛习题的深入，小雪莹各门功课成绩突飞猛进。

父母并没有因此而懈怠，他们希望能在小雪莹很小的时候，就给她最充足的养料，让她在成长的过程中，不至于出现“营养不良”的现象。在雪莹13岁生日的那天，父亲将一本名为《培养记忆法》的书送给了女儿作为生日礼物，并耐心地指导雪莹进行学习，使雪莹养成了良好的记忆习惯。

进入中学后，小雪莹显得很茫然，用她用自己的话讲：一开始很不适应中学的气氛。爸爸妈妈知道症结所在后，断然作出决定：应该让小雪莹开始新阶段的思考与兴趣。

他们帮她开阔眼界，带她阅读、旅游、交际和进行更深广的知识学习。在这个阶段，小雪莹不但喜欢上了张爱玲，也爱上了爱因斯坦，她学会了同学之间的友爱互助，学会了体谅尊重，在战胜了狭隘的同时，实现了自我的超越，心中增添了几分坦然与无畏。

小雪莹不但聪明好学，而且活泼开朗。到了高中后，她被推选为学校学生会文娱部长，爸爸妈妈对此表示了积极的支持，并鼓励她尽量把这个部长做好。当然，小雪莹心中有数：不能因工作而使学习受到干扰，她感谢父母的支持，同时表示自己会把握好这个“度”。

做文娱部长，使雪莹的视野更加开阔。通过几次大型活动的组织，她认识了很多人，也懂得了与人相处的道理，对父母和老师工作的艰辛也更加了解了。最难能可贵的是：小雪莹的学习成绩稳步提高，并最终在高考中顺利考取了北京大学。

在大学二年级时，雪莹就参加了托福和GRE（美国研究生入学考试）的考试，到了大学三年级，她的托福考了635分，GRE

考了228分；大学四年级期中过后，申请国外大学的表格已经到了她的手中，圣诞节的前一天，雪莹收到了剑桥大学的录取通知书。

小雪莹的成才自然与她自身的勤奋、坚持是分不开的，但从另一个角度看，她的成才与她父母对她每个成长阶段的及时调整与指导是分不开的：从儿时的兴趣挖掘，到少年时期的持之以恒，从到青年时期良性的心理过渡，到她正确地接触“社会”、与人交际，直至达到成功的巅峰。

小雪莹的成才经历，给了我们很多启示：天赋不难发现，重要的是如何能一步步地培养天才。

林丹的故事：从“多动症”儿童到羽坛冠军

林丹，生于福建省龙岩市上杭县，中国羽毛球男子单打运动员。5岁练习羽毛球，9岁进福建体校，2008年获奥运冠军。2010年11月，夺得广州亚运会男单冠军，实现了大满贯。2011年8月14日于伦敦世锦赛上，获得了第四个世锦赛男单冠军，同时他的世界冠军数达到了15个。2012年8月5日，在伦敦奥运羽毛球男子单打决赛中，林丹夺得金牌，成为首个卫冕冠军。这位运动健将的成长过程和早期的家庭教育中有什么故事呢？

林丹父母的初衷并非要把儿子培养成一名羽毛球运动员。林丹小时候“非常好动，5岁时上幼儿园就坐立不安的，有的女同学戴个小蝴蝶结，他也要上前扯一下，结果经常被人家告状”。林妈妈笑着回忆：“每次我们单位组织篮球、拔河比赛什么的，小林丹最喜欢去现场了。那时候有投篮偏了出界的，他就会颠颠地跑过去捡球，然后抱回来……”那时候，林丹让家长和老师十分担心，都认为“这孩子会不会是多动症啊”。

20世纪80年代初，全国各地风靡学电子琴。当时，林丹正在上学前班，班里的同学都被家长带着去学电子琴，林丹也不例外。妈妈给他买了一台“卡西欧”电子琴，价值一两百块，这个价格在当时已经是很高的了。可是，这么昂贵的电子琴却没能吸引住小林丹的注意力，天天坐在电子琴前，只动动手指头，这可把爱动的小林丹憋坏了。刚弹上一会儿，他就想从椅子上下来东逛逛西走走，一天下来，小脚丫远比手指头动得多，他根本坐不住。结果只练了一个星期，他就再也不肯练了。

林丹的爸爸和妈妈都是体育爱好者，爸爸喜欢打乒乓球和排球，妈妈游泳，还打篮球，经常代表上杭县去龙岩参加比赛。妈妈想，儿子不愿练电子琴，可总得练点别的吧。于是，她打篮球的时候就带上林丹，让他自己在场上跑着玩。当时，上杭县体育馆有少儿业余羽毛球的培训班，林丹周围有很多小朋友都去那儿练球了。有一次，林丹跟着他们一起去体育馆玩儿，他第一次看到了羽毛球。看见小朋友们跑来跑去，挥拍，接球，林丹一下子被吸引住了，好像是找到了一种对味的感觉。那一年，林丹5岁。

陈伟华的出现帮助林家解决了难题。陈伟华现任“八一”羽毛球队教练，那时候，由于部队精简，年轻的陈伟华来到上杭县体育馆少儿业余羽毛球培训班担任教练，他经常带领培训班的小同学到篮球场附近练球，没想到一次偶然的机会他看到了跟随妈妈来玩的小林丹。

陈教练把5岁的小林丹带上了羽毛球之路，从此改变了林丹的人生。而林丹则一下就痴迷上了羽毛球，如同是命中注定的。当年30多个小朋友中给陈教练印象最深的就是林丹，“林丹那股子不肯服输、自尊心强的劲头在训练中表现得最突出，要知道，他可是那些孩子中最小的！”

林妈妈清楚地记得，那时每到星期日，她都会在清晨5点叫醒睡梦中的林丹，然后孩子沿着上杭县城一跑就是三圈。作为队中年纪最小的孩子，林丹总是跑不到前面去，但他紧紧地跟着大队员跑，每次一定都坚持跑完全程。即使在寒冷的冬天，小林丹也不会耽误晨跑，他只有一个特殊的小要求：“妈妈，你4点半先叫醒我，然后让我再睡半小时再叫我……”此时林妈妈的眼睛有些湿润，“才5岁的孩子啊！”

那时唯一让林丹感到恐惧的是压腿。韧带没拉开，腿压不下去，教练帮他压，小林丹疼得直哭，边哭边压，但是回家后他还要妈妈继续帮他压。

三年如一日的刻苦训练给林丹日后扎实的基本功和突出的爆发力打下坚实的基础。陈伟华还记得当时进行技术评定时，林丹的基本动作、步法、前后摸球线等项测定都名列前茅。但是最终引起省少体校张青松教练注意的，还是林丹的“左撇子”。

林妈妈切菜和洗衣服就都用左手，因为“右手没力气”，而林丹也曾是个标准的“左撇子”，干什么都喜欢用左手。不过这个习惯在小时候就被爸妈强行纠正，现在林丹除了打球外，其他都用右手。“幸好打球没有给他纠正。”林建斌说，那时候省体校的张青松教练来到上杭少体校看训练，一眼就看中了身高块头都不起眼的林丹。事后一聊才知道，原来就是这唯一一个左撇子在30多个人中尤其显眼，而且张教练自己也是个“左撇子”球员。张青松在盯上小林丹后，经常来到龙岩看他的比赛，尽管此时他并没有想到这会是日后羽坛的一个“统治者”。

当时，一些生产闽西特产梅子干的厂家经常会赞助当地业余、少儿的羽毛球比赛，林丹就是在这样的比赛中逐渐磨炼、培养出来的。“去永定、龙岩打比赛时，我会陪着林丹去。”林妈妈回忆说，那时候林丹的要强让她感到吃惊又骄傲。“每次输了比赛没等教练说他自己先哭了，然后回家路上还会问我：‘妈，我哪里打得不好？’然后自己记日记，如果说搓球没搓好，搓字不会写就用拼音标记上……”

凭借着这样的天赋和韧劲，以及对羽毛球的热爱，当年的“多动症”儿童最终登上了世界冠军的宝座。

“达人”们的故事：天赋和执着创造奇迹

卓君19岁，以街舞《稻草人之恋》获得2011年东方卫视“中国达人秀”年度总冠军。小伙子来自广西南宁市武鸣县府城镇大墩屯，父母都是普通的农民。他18岁时开始喜欢跳舞，最初也是和广大的迈克尔·杰克逊的"粉丝"一样，通过电视和网络学习迈克尔·杰克逊和韩国"舞王"南贤俊的舞蹈，在没有专业老师的指导下自学街舞。在高中时，他获得了老师的批准，在学校开办了一个街舞社，与志同道合的同学一起学习交流。

卓君告诉大家，他的舞蹈都是自己看视频学的，音乐也是自己做的。

强烈的爱好、不断的模仿与自学，成就了卓君今日的舞蹈特长。这就是一个人内心天赋的召唤和驱使的结果。

蔡洪平，一位菜市场卖菜大姐，把帕瓦罗蒂经典曲目《今夜无人入眠》进行了改编，自创了一曲名为《送你葱》的卖菜歌。因长相甜美又是"菜市场之花"，故被网友称为"菜花甜妈"、"草根天后"。"菜花甜妈"获得2011中国达人秀年度亚军，成为超人气女王。她是亚洲范围内唯一和"苏珊大妈"同台献技的人，并在对决中完胜"苏珊大妈"，创造了新的神话。"苏珊大妈"更是用中文道出"送你葱"三个字来表达了对"菜花甜妈"的敬意。同时55岁的"菜花甜妈"也超越了"苏珊大妈"，成为世界选秀史上年龄最大的亚军。

"菜花甜妈"来自安徽农村，没受过任何专业训练，26个英文字母也认不全，却能完美演绎中英文歌曲，她的音乐天赋极强，华丽的高音和爆发力更是惊人。

“菜花甜妈”从小就表现出了音乐天赋，学校里的音乐老师特别喜欢她的歌声。五六岁的时候，她跟着收音机和村里的大喇叭学唱《农业学大寨》，听过的乡亲们都感叹，学得太像！蔡洪平说，因为从小就喜欢唱歌，她梦想考上音乐学院，做一名歌手。唱歌才是她的生活，但就是没有机会发展下去。“我最大的梦想是唱世界顶级的经典歌曲，并且得到真正的赞同与认可。”“达人秀”让她实现了她的梦想！

卓君和蔡洪平的成长经历有一个共同点，二人几乎都是“自学成才”。不同点是卓君的天赋展示出来后得到父母和老师的认可和支持，而“菜花甜妈”虽然小时候展示出一定天赋，却因一些客观原因没有得到重视和支持，我们也可以想象，如果菜花甜妈的天赋从小有机会得到培养的话，她一定会成为一个远近闻名的女歌唱家。

第六辑　天才警示录

“数学神童”堕落带来的教育警示

据《世界新闻报》等英国媒体2008年3月30日报道，年轻女孩索菲娅·尤索夫曾是英国尽人皆知的“数学神童”，13岁时便考入牛津大学。2000年，时年15岁的她由于不满父亲的高压政策，愤然辍学离校出走。这位昔日神童，最后竟沦为街头拉客的妓女。

索菲娅·尤索夫出生在英国一个移民家庭，父亲来自巴基斯坦，母亲来自马来西亚，家中共有5个孩子。索菲娅的父亲法卢克·尤索夫曾是一位数学家，为了培育5个子女，他和妻子毅然辞去工作，一门心思尝试他的“私塾”式教育以及由其独创的“快速学习法”。为了保证孩子集中精神学习，他要求家中要保持温度冰冷、空气流通，早上必须做早操和祈祷，不能听流行音乐或看电视。

在父亲的高压式教育下，5个孩子个个很有出息。1998年，时年13岁的索菲娅以优异成绩被著名的牛津大学圣希尔达学院数学系录取。1999年，索菲娅16岁的姐姐爱莎和13岁的妹妹伊斯凯达同时考入英国沃维克大学。2000年，时年仅6岁的索菲娅的幺妹朱雷拉就参加了 A–Level（英国普通中等教育证书考试高级水平课程）数学入门测试。

2000 年，时年 15 岁的索菲娅一结束大三的期末考试，便悄然离校出走。此事轰动了整个英国，人们纷纷对其父高压式的严厉教育提出质疑。而法卢克本人却语出惊人，声称索菲娅肯定是被某个组织绑架了，目的是为了寻找她的“智慧钥匙”，并对她“洗脑”。

索菲娅出走后不久，她在一份发给姐姐的电邮中称，过去 15 年来，自己受够了父亲生理和情感的双重虐待。索菲娅甚至将父亲形容为“活阎王”。两周之后，警方在一家咖啡馆中发现索菲娅，当时她正在某饭店当女招待。由于拒绝回到父母身边，她被一家社会机构“接管”。2002 年 10 月，她被送回牛津大学，以便完成大四最后一年的学业。

2004 年，时年 19 岁、正在牛津大学攻读数学硕士的索菲娅突然宣布，她将嫁给 24 岁的见习律师乔纳森·马歇尔。然而在婚礼上，她的父母和 4 个兄弟姐妹一个也没到场，这次婚姻仅过一年便宣告破裂。由于种种原因，她一直未能拿到牛津大学的硕士学位。

为了支付高昂的房租和生活费，索菲娅竟然选择了卖春。她开始以“希尔帕·李”的化名在一家色情网站上公开叫卖。在一份广告中她这样自我介绍道：“8 号，身材模样姣好，胸围 32D，身高 1.65 米，瘦高个。每天早 11 点至晚 8 点，均可接客。我是一个性感而又聪明的女生，喜欢成熟的绅士。”报价每小时 130

英镑。

祸不单行的是，继索菲娅堕落之后，她那原本自诩教子有方的父亲法卢克竟然锒铛入狱。据悉，2007年5月，法卢克在为两名15岁女生进行家庭辅导时，由于伸出“咸猪手”而被指控性骚扰。2008年3月26日，50岁的法卢克被考文垂市法庭判处18个月监禁。

对于父亲被捕入狱，苏菲娅的脸上并没有任何悲哀的痕迹。很显然，法卢克不但毁灭了自己的名声，他的“天才教育”还毁了他女儿的一生。

试想，13岁便入牛津大学数学系读书，这说明索菲娅·尤索夫的数学天赋被其父亲很好地挖掘了出来。然而，仅仅挖掘孩子的天赋就是人生的全部吗？显然不是，灭绝人性的高压教育方式把一个正常孩子的心灵彻底毁灭了。她是被逼迫“成才”的，因此她没有快乐的童年，她也没有兴趣的支撑。她后来沦为妓女也不知羞耻，对其亲生父亲的入狱更没有一丝丝的怜悯，人性灭绝如此，就是有天赋又能怎么样呢？成为了天才又能怎样？索菲娅·尤索夫的堕落真的给那些不合理的教育方式当头一棒——教育不对头，真能害死人。

关注天才儿童的性格特征

对于长大后要成为什么样的人，天才儿童比一般儿童有更强烈的意识。天才儿童在性格上大多表现出一些共同特征，这有助于我们对自己的孩子是否是一个天才作出判断。

特征一：独立。

各个领域的天才儿童都喜欢独立行事，喜欢争论，不轻易“认输”。他们经常纠正别人的错误，甚至老师的错误。如果他们认为老师对自己的批评是愚蠢的，就会拒绝接受；如果他们认为自己比老师更有见解，就会批评老师。

特征二：敏锐。

对事物具有敏锐感知力的现象在高智商儿童中是很普遍的，这可能是因为这些孩子喜欢对问题进行判断和思考，并得出自己的结论。

美国心理学家劳伦斯·科尔伯格设置了许多涉及道德问题的两难伦理情境，要求孩子们作出判断，以此来判断他们的智性。其中最著名的一道两难推理题是：一名男子的妻子快要病死了，只有一种药能挽救她的生命，但药价太高，他买不起，而卖药人又不肯降价将药卖给他。这位男子该不该去把药偷来？如果孩子毫不犹豫地回答该偷，证明他的道德意识并未跳出以自我为中心的水准；如果孩子难以抉择，说明公共道德与个体需求之间的冲突已经在孩子身上表现出来，说明孩子已经开始思考个人与社会之间的关系问题。

特征三：内向

内向者从自身获取能量，只愿意接受低度外界刺激，所以常常避免社交场合。他们不容易交上朋友，大部分时间独处，而且与主流文化的价值观相去甚远。外向者则恰恰相反，他们从其他人身上获取能量，能主动找别人，并很快与他人交上朋友。

特征四：敏感

天才儿童普遍具有极高的敏感性和警觉性，即使是在婴儿时期也是如此。敏感性的表现之一就是观察力极其敏锐。

天才儿童对刺激极其敏感，无论是来自感官上的还是情感上的。

拉埃勒忍受不了任何恐怖或悲伤的东西。当时流行于孩子们中间的一本读物叫《夏洛的网》，这本书对5岁的她来说也过于伤感，她承受不了普赫被卡在树杈上的情节，不得不把书放下不看了。由于害怕情感的流露，拉埃勒只能看屈指可数的几部儿童电视剧。她对听觉刺激的反应非常强烈。有一次，母亲兴奋地说："噢！下雪了"却发现女儿被她兴奋的语调吓呆了。

这种现象与心理分析家菲利斯·格里纳克的观察相符。也许对外界刺激具有特别强烈的感官反应是许多具有某种突出能力的人的特征。这与这种人内向的性格是相符合的，因为内向和腼腆常常伴随着强烈的感官反应能力。发展心理学家杰罗米·卡根发现，受压抑的儿童与不受压抑的儿童相比，往往对恐吓的反应更敏感、心理上的反应也更强烈。

特征五：寂寞。

心理学家特曼认为，最成功的成年人比不那么成功的成年人具有更好的社交关系。但是据这些成功者回忆，与那些注定不那么成功的人相比，他们在青春期感到与同学们的差别更大，自己在社交和身体方面处于更为不利的位置，在社交活动中无法应付自如。

由于天才儿童性格上的特殊性，父母在教育其成才的同时，不要忽视其心理和性格的健康发育。

专家解读超常儿童教育问题

有些人认超常教育就是将孩子培养成超常儿童的教育，这是一种误解。简单地说，超常教育就是为“超常儿童”（也就是“天才儿童”）提供的教育，它属于教育领域中“特殊教育”的范畴。我们承认儿童的智能发展存在个体差异。大部分儿童之间的差异不很明显，对其正常的学习影响不大，而正常的学校课程主要是依据这部分儿童的水平和特点来设计的。但由于种种原因（其中有些至今还不为人知），有些儿童智能发展表现出明显的迟缓或落后，学习一般的课程很困难。还有一些则显示出超群的优异智能，在某些领域的学习中（如数学、语言、艺术等），超速进展，水平显著超出一般儿童，这些就是一般意义上的“超常儿童”。他们在学习正常的课程内容时，会时时处于“吃不饱”或“吃不好”的状况。

对于前者，我们通常会调整和改变课程内容和评估体系，即实施特殊教育，否则他们将在教育中没有“立足之地”；而后者——超常儿童，也同样需要有针对性的课程。这种调整不仅是加快学习的进度或加深程度，而且要对课程的整体结构作出改变，涉及具体目标、学习内容、教学方法、评估、师资等各方面，才能使之成为适合超常儿童发展特点的教育，从而达到促进儿童身心健康发展、增长儿童才能的教育目标。

可见，“超常教育”首先是适应儿童自身差异的教育，而不是“制造差异”的教育。也就是说，首先有了超常儿童的“与众不同”，然后才有“超常教育”；而不是由于有了“超常教育”，儿童就可以“出类拔萃”。任何宣称可以将“每个儿童培养成天才”的方法，都不能真的在每一个儿童身上成功。

作为家长，首先要确认自己的孩子是否超常，这可以咨询专业人员。其次，家长要了解你的孩子可能进入的“超常教育”的具体情况。“超常教育”的实施有多种模式和多种途径、手段。特殊班（如“少儿实验班”等）、跳级、课外学习等，都可以是实施超常教育的方式，每一种方式适合不同的孩子和家庭，家长应全面考虑，慎重选择。

另外，超常教育具有不同的形式。提前上大学只是其中之一，并不是儿童期超常教育的唯一“出路”。这提醒有关的家长和教师关注少年大学生的社会适应和学校适应能力问题。但这个问题是可以解决的，只是方法因人而异：有些孩子适应力很强，智力发展与社会性发展也比较平衡，他们无须太多的帮助，也不会出大问题。较多的孩子需要不同程度的外界帮助，包括中学阶段的社会性活动与交往的经验，入学后学习方式、生活方式的调整，家长、学校的相关指导，以及专业的心理咨询与辅导等。大多数学生最终可以适应，在大学发展顺利，但也有的孩子自己适应困难，也得不到适当的帮助，就会很痛苦，甚至后悔走了一条不同于他人的道路。

“美国天才发展中心”公布的研究成果表明：95% 的天才儿童在将来的发展中并不总能把优势保持下去，他们的弱点使得他们的智商发展停滞甚至下降。因此，后天创设适合他们智力发展的环境就显得相当重要。

世界范围内超常教育的系统研究与实践大约起于一个世纪前。目前超常教育最为普及、研究和从教人员力量最大的国家当数美国，但美国的超常教育通常是融合在普通学校中，以个别教育计划的方式实施的，没有公立的特殊学校或特殊班。美国有立法规定超常儿童有权利得到适合他的教育服务，所以公立学校系统十分重视天才儿童的甄别与特殊教育。

我国超常儿童教育存在不少问题。首先，我国目前超常儿童教育的最大问题在于没有得到“法定”的地位，超常儿童的特殊教育并没有被教育系统充分关注，这就使得那些试图为超常儿童提供特殊教育的努力，得不到稳定的来自政府的人力、财力等方面的支持，只能以“实验项目”的方式谋求发展，能够覆盖的儿童数是很有限的。按照智能发展水平的正态分布规律推测，天才儿童应占儿童总数的3%左右。据此算来，他们中的大多数还没有得到相应的特殊教育服务。其次，社会对超常儿童和超常教育的理解还存在着偏差，需要进行这方面的“科普”宣传。其三，社会及教育系统对天才儿童的期望都还有比较明显的功利色彩，缺少服务的意识和人文关怀。事实上，天才儿童有各种类型，每个人也有自己的优势与弱势，而且，和所有的儿童一样，他们也要经历从身、心的不成熟逐渐向成熟发展的过程。因此，他们的成长也需要来自家庭、学校和社会的帮助，而特殊教育就是其中的一种帮助。天才儿童接受特殊教育，是因为他们无法在普通教育中获得合适的资源，而不是因为他们将来必然做出社会所需要的成绩。人的成就水平受到众多因素的影响（其中一些因素是难以控制的），天才并不一定能成材，但即使是“不成材”的天才儿童，也有权利得到适合其发展水平和特点的教育。如此说来，我国的超常儿童教育发展水平还远远达不到发达国家的水平。

不再让孩子做有才华的“穷人”

每一个人来到这个世界上都有他们的使命，而与生俱来的天赋是他们为这个世界奉献的动力！人们费尽心机，到处寻求金钱和财富，却对自身的宝藏茫然无知。其实，每个人都有成功的能力与天赋，关键就看你是善加运用还是束之高阁。

“这个世界上，到处都是有才华的穷人。”这让很多人怀才不遇，甚至有一些才华横溢的人一生郁郁寡欢，穷困潦倒。这似乎在告诉人们，才华并不能给人带来财富，才华不值钱。事实上，我们都认可才华、尊重才华、欣赏才华，才华给社会带来物质和精神进步。可为什么人有了才华还会贫穷呢？这里最主要的原因就是有才华者缺乏把才华转化为财富的能力，以至于受穷。那么这个转化财富的能力是什么？这个能力就是一个人的财商能力。通俗地说：就是一个人创造财富的能力。

很多人都把财商教育看做是金钱教育，这种理解并不全面。确切地说，财商教育更是一种综合生活能力素质教育。打个比方，财商好比一台电脑的软件，这个软件就负责把这个电脑最高效化运转，最大化这台电脑的服务价值和产出价值。财商就是把我们人的物、人的能力、人的才华、人的资源转化为财富的“转化剂”。如果缺乏这种“转化剂”，就会出现有才华无财富的尴尬情况。我们对孩子的财商教育，就是从小给予孩子财商启蒙与开发，而在启蒙开发这个过程中，可以让孩子在兴趣中激发出想象力、创新能力、沟通能力、思考能力、动手能力等。这个过程中，孩子会有各种丰富多彩的表现，通过这些表现可以发现孩子的天赋。这样做同时也增加了孩子对生活的理解和热爱。

社会在变化，孩子未来的财富观、价值观也会变化，将来赚钱的方式方法也会发生变化。孩子将来长大无论做什么，他也要做到基本的生存、赚钱、消费、养家活口。我们今天提前给孩子财商教育，孩子就会在这方面少犯些错误，少走些弯路。如果一个孩子从小接受财商教育，家长老师又能发现他的天赋并给予培养。这个孩子长大不能说大富大贵，至少衣食无忧。一个人能秉承自己天赋做喜欢的事，又能通过做的事满足自己物质所需，一生足矣！

如何给孩子财商教育呢？简单而言，就是在孩子生活中和游戏中，寻找合适的机会，引导孩子把做的事和转化财富的方法结合起来，这里是需要方法和行动的。久而久之，这样抛砖引玉的条件反射刺激，孩子就会潜移默化地具备转化财富的方法和能力了。有了这种能力，我们还会担心孩子未来怎么生存、干什么这样的问题吗？

给孩子财商教育，是我们每个家长不能疏忽的义务和责任。无论熊猫有多可爱，缺乏了生存能力，也只能等待濒临灭亡的结果。只要观念转变过来了，你会发现，培养孩子的财商和学习、绘画、钢琴、拉丁舞没什么区别，更重要的是，技能、技术又有了价值“转化剂”。这个结合会让孩子一辈子生活得更加快乐、幸福。

比培养“神童”更重要的五件事

“神童”历来被一些望子成龙、望女成凤的家长所羡慕和追捧，尤其是在独生子女的当下。为了使自家也能出个“神童”，一些家长是费尽心机。

天津市某幼儿园入园面试时，接收了一个3岁的“小神童”，她小小年纪就能熟练地背诵100多首古诗，更惊人的是，她还能用英文作自我介绍。然而入园不久，老师发现这个孩子拒绝和别的孩子说话，总是一个人坐在角落里不吃不喝，裤子尿湿了也不说。

“神童”魏某17岁考上中国科学院高能物理所硕博连读；19岁时，因生活自理能力太差，知识结构不适应中科院的研究模式被退学。

“神童”王某在14岁考入沈阳工业大学，却因为多门成绩零分，也被学校责令退学。

许多学校都开过“神童班”，喧嚣一时璀璨一时，现在的情况怎么样了呢？绝大部分都已烟消云散，“神童”们也大多泯然众人，他们后来的发展可能并没有多少惊天动地的成就。“神童”之殇，罪魁祸首还是在教育上。

小时候的“神童”，与成年之后的才能学识，完全是两码事；一个人的智商水平，与他对社会对人类的贡献，完全是两码事。人生是长跑，谁笑到最后，谁才笑得最好。那么，“神童”到底能走多远呢？

我们生活在一个崇尚名次、热衷排行榜的时代，我们生活在一个重视“神童”、喜欢制造“神童”的社会环境。有些培训机构和学校为了刺激猎奇心态，对“神童”的故事渲染炒作，将此视为商机，诱骗那些望子成龙的父母付出高额“教育投资”。

“神童教育”数年来一直热火朝天，主要是通过加快学习速度，让孩子早成才、早成功。这本身或许并没有什么错，然而问题在于，培养出来的“14岁大学生”、“18岁博士”，到底能为社会作什么贡献呢？

也许“神童”是确实存在的，但是“神童”是特殊的群体，可能需要格外谨慎的教育，才能获得健康平衡的发展。如果家长、学校和社会只是单纯关注他们出类拔萃的某一项能力，而无视他们在社会生活中遭遇的困难，一味地将他们当做“竞赛选手”，或者当做“明星”频繁亮相，可能会对他们的心灵造成巨大的压力和困扰。那么，他们当初出类拔萃的才能何以发挥？还谈什么贡献？

说到底，一个孩子18岁还是10岁上大学，有多大关系呢？无论就社会贡献还是个人成就而言，关键是看他这一生能够创造什么，而不在于学习有多么“超前”。除非，他的创造和贡献，也能“超前”。

就天赋而言，每个孩子都是“神童”，他们都有可能是哲学家、艺术家，或是在游戏、绘画、音乐、数学、语言、推理及其他方面显示出非凡的才能。

做父母的，要善于观察、善于倾听、善于发现，不能随意扼杀孩子的想象力和创造力，应该依据孩子自身的特点，营造一个有益于孩子个性成长的空间。这就是对“神童”的最大尊重。

早期教育的目的到底是什么？答案绝不是培养“神童”。

教育，不是简单地开发智力，还包括培养品德、塑造人格、养成习惯、认识社会、建立关系等。教育的核心不是传授知识和技术，而是学会做人做事。

总结下来，有5件事比培养“神童”更重要，必须教会孩子们，那样，于家庭、于社会、于人类将善莫大焉。

一、快乐和坚强

现代人活得很苦很累，所以保持快乐的心态是重要的。遇到不如意的事情，不能耿耿于怀，要能够迅速地从委屈中自我恢复，要善于调节沮丧和失落感，往积极的方面想。“快乐”包括的内涵太多，比如，懂得体谅他人才会快乐、懂得接受失败才会快乐、懂得付出不求回报才会快乐，等等。

心理承受能力很重要，所以要学会坚强。“弱不禁风”怎么面对漫漫人生的挫折和坎坷？坚强的人，摔得头破血流依然勇敢地微笑，对生活充满信心和希望，这样才能接受人生的各种挑战，把握人生的各种机遇。

二、独立意识和责任感

独立首先当然意味着生活自理，衣来伸手饭来张口的包办式生活，会使孩子产生依赖的性格。前面提到的退学“神童”魏某，他的衣服袜子都是妈妈帮忙洗。一个人如果连最基本的生存能力都不具备，他怎么可能去服务他人和社会呢？

独立还意味着孩子应该具有判断能力，在各种变化的条件下能作做出自己的选择，知道应该做什么事情，知道分析问题、解决问题。这样，将来才能够发挥自己的才能，掌握自己的命运。

而一旦作了决定，就要为自己的行为负责。我们看到很多孩子，总是责怪家长没有做这没有做那，而家长也愧疚地道歉。我们应该让孩子从小养成自己负责的习惯，不要总是怨天尤人。实际上，当你发现很多事情之所以糟糕，都是自己造成的，就不会有那么多的不满与埋怨。

三、专注和耐心

生活是很复杂的，又是很简单的。复杂的是，你总感觉一天到晚有那么多忙不完的事情；简单的是，你可以在某一时刻只专注于某一件事。时间是有限的，精力是有限的，如果懒懒散散浑浑噩噩，一天天过去，什么进步和变化也没有。但是，每做一件事，都全身心地投入，耐心加恒心，就会创造出让人惊讶的成绩。

四、表达和交流

许多人肚子里“很有墨水”，但是就是“吐”不出来。学会表达，无论语言还是文字，就能够让别人理解你的思想。同时，还要善于倾听别人的思想，并且进行沟通。如果孩子觉得交流是一种享受，无论跟谁交流都能轻松自如，那么他的交际圈就会越来越大，他未来与社会的相融性就会越来越强。

五、团结协作

现在的孩子多是独生子女，很容易自私自利，但是人在社会中并不是孤立的个体，必然要和别人相处。所以，要让孩子适应集体生活，学会热情友好地交朋友，鼓励孩子帮助别人，愿意与他人分享。当代社会既是一个竞争激烈的社会，又是一个必须合作才能共同发展的社会，所以，要通过游戏和生活实践让孩子建立团结合作的意识。